わくわくポスター

さんすう 1 ねん

た

こたえが 1 から 20 の

こたえ						
1	1+0		1+10	2+9	3+8	4+7
2	1+1	2+0		2+10	3+9	4+8
3	1+2	2+1	3+0		3+10	4+9
4	1+3	2+2	3+1	4+0		4+10
5	1+4	2+3	3+2	4+1	5+0	
6	1+5	2+4	3+3	4+2	5+1	6+0
7	1+6	2+5	3+4	4+3	5+2	6+1
8	1+7	2+6	3+5	4+4	5+3	6+2
9	1+8	2+7	3+6	4+5	5+4	6+3
10	1+9	2+8	3+7	4+6	5+5	6+4

きざん

教科書ワーク

かずに　なる　ひきざん

						こたえ
16−6	17−7	18−8	19−9		9−0	9
16−7	17−8	18−9		8−0	9−1	8
16−8	17−9		7−0	8−1	9−2	7
16−9		6−0	7−1	8−2	9−3	6
	5−0	6−1	7−2	8−3	9−4	5
4−0	5−1	6−2	7−3	8−4	9−5	4
4−1	5−2	6−3	7−4	8−5	9−6	3
4−2	5−3	6−4	7−5	8−6	9−7	2
4−3	5−4	6−5	7−6	8−7	9−8	1
4−4	5−5	6−6	7−7	8−8	9−9	0

こたえが　０から　１０の

こたえ						
10	10−0	11−1	12−2	13−3	14−4	15−5
9	10−1	11−2	12−3	13−4	14−5	15−6
8	10−2	11−3	12−4	13−5	14−6	15−7
7	10−3	11−4	12−5	13−6	14−7	15−8
6	10−4	11−5	12−6	13−7	14−8	15−9
5	10−5	11−6	12−7	13−8	14−9	
4	10−6	11−7	12−8	13−9		3−0
3	10−7	11−8	12−9		2−0	3−1
2	10−8	11−9		1−0	2−1	3−2
1	10−9		0−0	1−1	2−2	3−3

しざん

かずに なる たしざん

						こたえ
5+6	6+5	7+4	8+3	9+2	10+1	11
5+7	6+6	7+5	8+4	9+3	10+2	12
5+8	6+7	7+6	8+5	9+4	10+3	13
5+9	6+8	7+7	8+6	9+5	10+4	14
5+10	6+9	7+8	8+7	9+6	10+5	15
	6+10	7+9	8+8	9+7	10+6	16
7+0		7+10	8+9	9+8	10+7	17
7+1	8+0		8+10	9+9	10+8	18
7+2	8+1	9+0		9+10	10+9	19
7+3	8+2	9+1	10+0		10+10	20

日本文教版
さんすう1ねん

動画 コードを読みとって、下の番号の動画を見てみよう。

＊がついている動画は、一部他の単元の内容を含みます。

もくひょう

なかまで　わけたり、
ひとりに　ひとつずつ
あるか　しらべよう。

おわったら
シールを
はろう

にゅうがく　おめでとう

きほんのワーク

きょうかしょ ❶ 8〜13ページ　｜　こたえ 1 ページ

きほん ❶　おなじ　なかまを　みつける　ことが　できますか。

☆ のはらに　なかまが　あつまりました。

❶　なかまを 〇 で　かこみましょう。

❷ 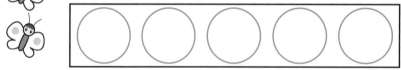 の　かずだけ 〇 に　いろを　ぬりましょう。

◯	◯	◯	◯	◯

❸ 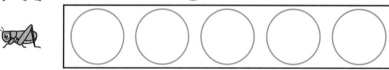 の　かずだけ 〇 に　いろを　ぬりましょう。

◯	◯	◯	◯	◯

❶　かさは、ひとりに　ひとつずつ　ありますか。
　せんで　むすんで　しらべましょう。

📖 きょうかしょ 8〜13ページ

せんで　むすんで
いくと　わかるね。

おうちのかたへ　算数の学習に入る前段階です。｜対｜対応で比較することのよさに気づかせます。
絵の数だけ色をぬったり、線で結んだりして数の大きさを比べましょう。

まとめのテスト

 じかん 20ぷん

とくてん
/100てん

おわったら
シールを
はろう

1 かずだけ ◯に いろを ぬりましょう。　　1つ30〔60てん〕

 の かず ➡ ◯ ◯ ◯ ◯ ◯

 の かず ➡ ◯ ◯ ◯ ◯ ◯

2 けえきは ひとりに ひとつずつ ありますか。
せんで むすんで しらべましょう。　　〔40てん〕

ひとつずつ ありますか?
◯を つけましょう。

ある　　ない
□　　　□

 チェック✔
□おなじ なかまを みつける ことが できたかな?
□ひとりに ひとつずつ あるかどうか わかったかな?

10までの かず [その1]

もくひょう
10までの かずの
かぞえかた、よみかた、
かきかたを しろう。

おわったら
シールを
はろう

きほんのワーク

きょうかしょ ❶ 14〜27ページ　　こたえ 1 ページ

きほん**1** 1から 5までの かずが わかりますか。

⭐ かずだけ ◯に いろを ぬり、⊞に すうじを
かきましょう。

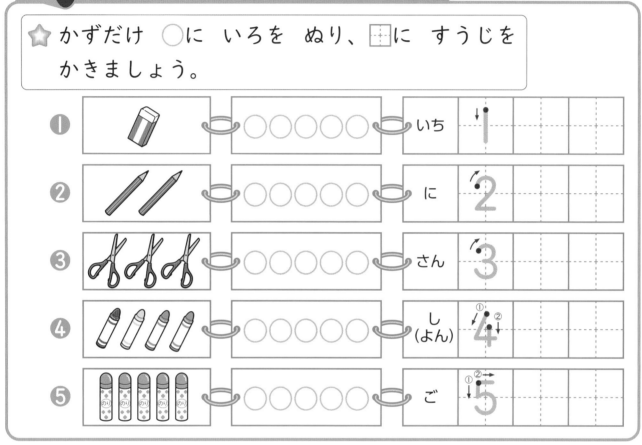

❶　いち　1

❷　に　2

❸　さん　3

❹　し（よん）　4

❺　ご　5

1 かずが おなじ ものを ── で むすびましょう。

きょうかしょ 14〜19ページ

| 1 | 3 | 4 | 5 | 2 |

さんすうはかせ　ものを かぞえる ときは しるしを つけて おこう。そうすると、なんかいも
かぞえたり、かぞえわすれたりすることが なくなるよ。

きほん 2 6から 10までの かずが わかりますか。

☆ かずだけ ◯に いろを ぬり、囗に すうじを かきましょう。

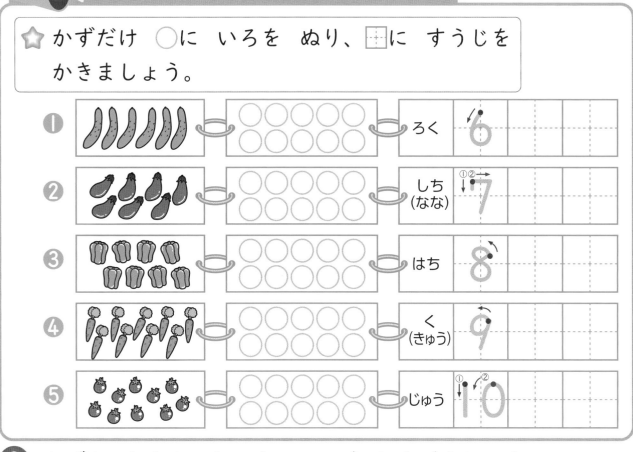

❶ ろく 6
❷ しち（なな） 7
❸ はち 8
❹ く（きゅう） 9
❺ じゅう 10

2 かずが おなじ ものを ── で むすびましょう。

📖 きょうかしょ 20〜27ページ

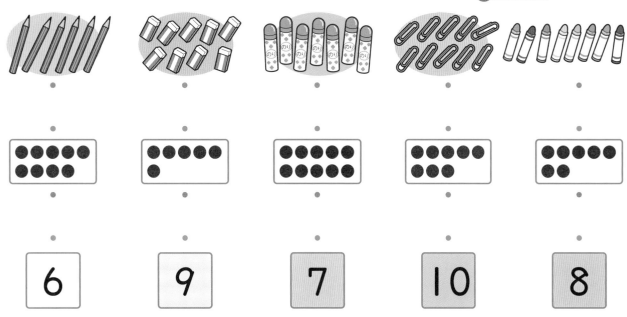

6 9 7 10 8

3 よみかたに あう すうじを かきましょう。　📖 きょうかしょ 23・24ページ

❶ しち 　　　　❷ はち 　　　　❸ ろく

おうちのかたへ　10までの数の教え方、読み方、書き方を練習します。また数字と物の個数を対応させる練習も行います。声に出して数を数えたり、数字を書く練習を見守ってあげてください。

10までの かず ［その2］

きほんのワーク

もくひょう
10までの かずの
ならびかた、0と
いう かずを しろう。

おわったら
シールを
はろう

きょうかしょ ❶ 28〜31ページ　　こたえ 2 ページ

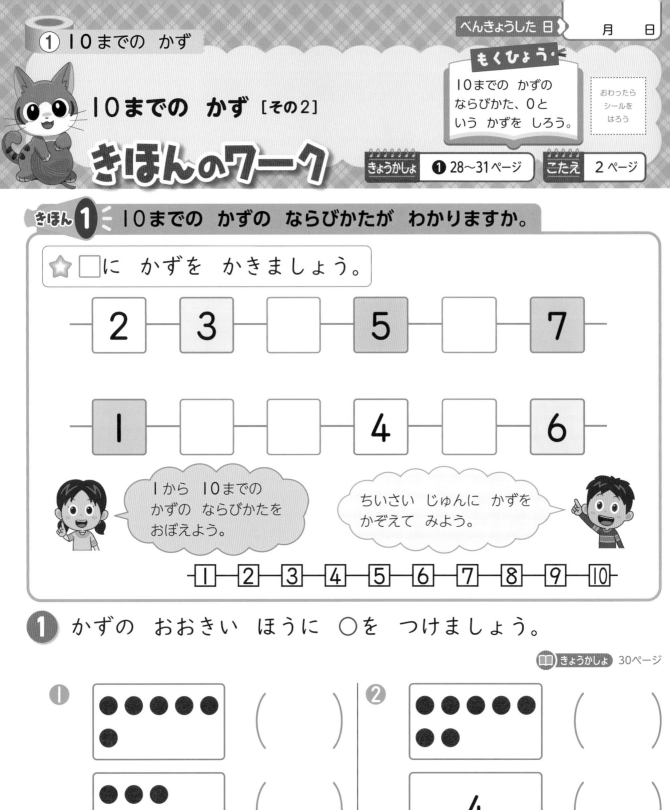

きほん **1** 10までの かずの ならびかたが わかりますか。

☆ □に かずを かきましょう。

| 2 | 3 | | 5 | | 7 |

| 1 | | | 4 | | 6 |

1から 10までの
かずの ならびかたを
おぼえよう。

ちいさい じゅんに かずを
かぞえて みよう。

① 1 | 2 | 3 | 4 | 5 | 6 | 7 | 8 | 9 | 10

1 かずの おおきい ほうに ○を つけましょう。

📖 きょうかしょ 30ページ

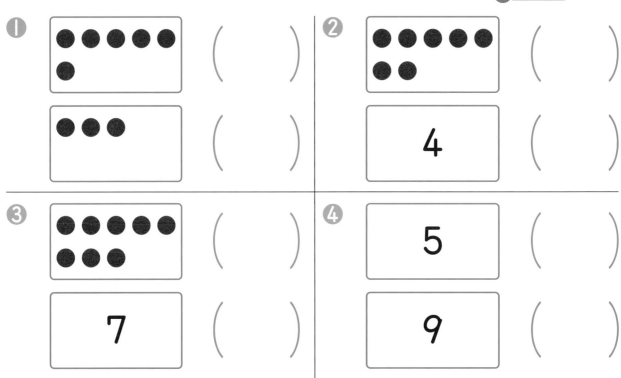

① ●●●●● ●● （　　）
● ● ● （　　）

② ●●●●● ●● （　　）
4 （　　）

③ ●●●●● ●●● （　　）
7 （　　）

④ 5 （　　）
9 （　　）

さんすうはかせ　10までの かずの ならびかたを おぼえよう。ちいさい じゅんに いえたら、
こんどは 10、9、8、7、…、1と おおきい じゅんに いってみよう。

☆ はいった わの かずを かきましょう。

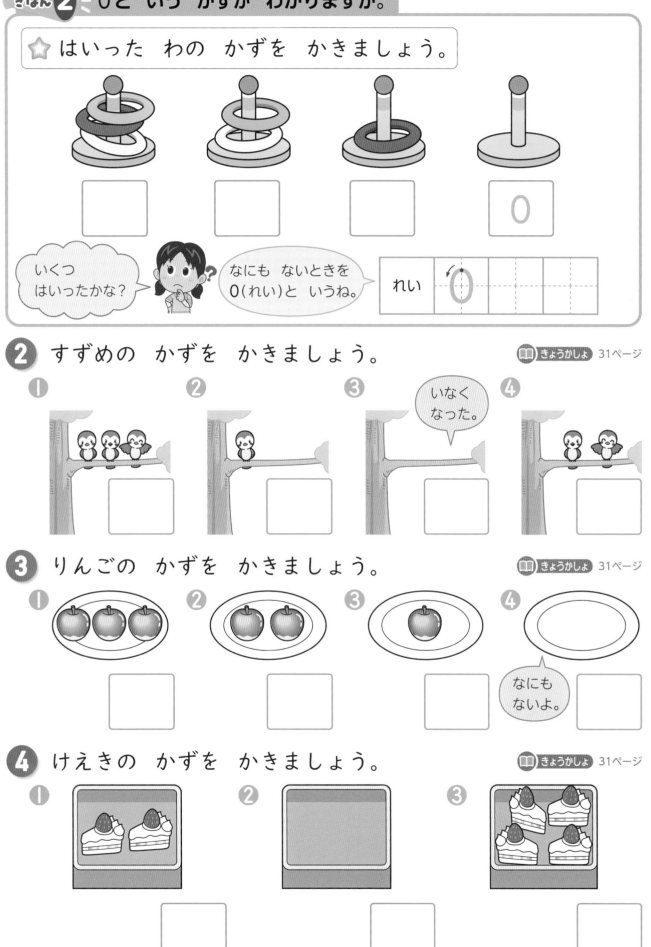

いくつ はいったかな?

なにも ないときを 0(れい)と いうね。

れい	0			

2 すずめの かずを かきましょう。　📖 きょうかしょ 31ページ

① ② ③ いなく なった。 ④

3 りんごの かずを かきましょう。　📖 きょうかしょ 31ページ

① ② ③ ④ なにも ないよ。

4 けえきの かずを かきましょう。　📖 きょうかしょ 31ページ

① ② ③

おうちのかたへ　10までの数の並び方を学習します。また、0という数について学びます。1年生にとって、何もない数=0は、理解しにくいようです。具体物を使って考えてみましょう。

7

れんしゅうのワーク

できた かず

／16もん 中

おわったら シールを はろう

1 10までの かず　かずが おなじ ものを ──で むすびましょう。

 ・　　・ 3

 ・　　・ 6

7 ・　　・ いちご

えんぴつ ・　　・ 5

コップ ・　　・ クロワッサン

9 ・　　・ 4

2 かずの ならびかた　□に かずを かきましょう。

① 1 ― 2 ― □ ― □ ― □ ― 6 ―

② 10 ― 9 ― □ ― □ ― 6 ― □ ―

3 0と いう かず　かびんの はなの かずを かきましょう。

① 　　　　② 　　　　③ 　　　　④

　　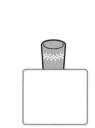　

できるナビ　10までの かずが ただしく いえるかな？ 10、9、8、7、…のように おおきな かずからも いって みよう。

まとめのテスト

じかん 20ぷん

とくてん /100てん

おわったら シールを はろう

1 かずを すうじで かきましょう。　1つ10〔30てん〕

くま　□　うさぎ　□　ねこ　□

2 かずの おおきい ほうに ○を かきましょう。　1つ10〔20てん〕

❶

□　□

❷ | 10 | 6 |

□　□

3 よくでる □に かずを かきましょう。　1つ10〔20てん〕

5　6　□　8　□　10

4 かえるの かずを すうじで かきましょう。　1つ10〔30てん〕

□　□　□

 チェック ✓
□ 10までの かずを かぞえる ことが できたかな？
□ 0と いう かずが わかったかな？

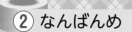

なんばんめ

もくひょう
まえから 4にんと
まえから 4ばんめの
ちがいを しろう。

おわったら
シールを
はろう

きほんのワーク

きょうかしょ ❶ 32〜35ページ　こたえ 2 ページ

きほん **❶** 4にんと 4ばんめの ちがいが わかりますか。

☆ ◯で かこみましょう。

❶ まえから 4にん

まえ   うしろ

❷ まえから 4ばん<u>め</u>

まえ   うしろ

❸ うしろから 5ばん<u>め</u>

まえ   うしろ

4にんと
4ばんめは
いみが
ちがうんだね。

❶ いろを ぬりましょう。

📖 きょうかしょ 32・33ページ

❶ まえから 3だい

まえ      うしろ

❷ まえから 3ばんめ

まえ    うしろ

❸ うしろから 4だい

まえ    うしろ

❹ うしろから 4ばんめ

まえ    うしろ

さんすうはかせ まえから なんばんめと いう ときの まえは、かおが むいて いる ほうだよ。
かけっこで はしって いく ほうが まえ。その はんたいが うしろに なるよ。

☆ えを みて、□に すうじを かきましょう。

うえ

① は うえから □ ばんめです。

したから □ ばんめです。

② は うえから □ ばんめです。

したから □ ばんめです。

③ は うえから □ ばんめです。

したから □ ばんめです。

した

2 □に すうじを かきましょう。

 きょうかしょ 34・35ページ

ひだり 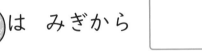 みぎ

① は みぎから □ ばんめです。

ひだりから □ ばんめです。

② は みぎから □ ばんめです。

ひだりから □ ばんめです。

③ みぎから □ ばんめは 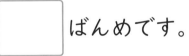です。

みぎと ひだりを
ただしく
つかえるように
なろう。

おうちのかたへ 集合の要素の個数を表す集合数と、順番を表す順序数の違いを取り上げます。「前から4人」と「前から4番目」の違いを確認しましょう。

れんしゅうのワーク

べんきょうした 日　　月　　日

できた かず
　　　　/8もん 中

おわったら
シールを
はろう

1 なんばんめ　こたえを ○で かこみましょう。

❶ うえから 2ばんめの 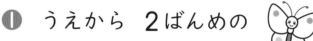 ちょう

❷ したから 2ひきの  ちょう

❸ みぎから 5ばんめの 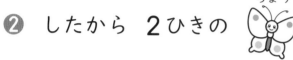 はな

❹ ひだりから 4つの  はな

うえ

した

ひだり 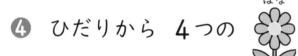 みぎ

2 まえと うしろ　えを みて こたえましょう。

まえ  うしろ

　　はると　　みお

❶ みお さんの まえには ☐ にん います。

❷ みお さんは まえから ☐ ばんめです。

❸ はると さんの うしろには ☐ にん います。

❹ はると さんは うしろから ☐ ばんめです。

できるナビ　うえから 3びきと うえから 3ばんめは いみが ちがうよ。ちゅういしようね。

まとめのテスト

1 よくでる なんばんめでしょう。

1つ15〔30てん〕

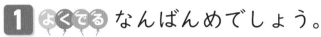

まえ　　　　　　　　　　　　　　　　　　　　　　　　　うしろ

りく　　れな　　けんと　　まみ　　そうた　　みづき

❶ けんとさんは　まえから　□　ばんめです。

❷ れなさんは　うしろから　□　ばんめです。

2 みぎから　3ばんめに　いろを　ぬりましょう。 〔15てん〕

ひだり　　　　　　　　　　　　　　　　　　　　　　みぎ

3 ひだりから　4こに　いろを　ぬりましょう。 〔15てん〕

ひだり　　　　　　　　　　　　　　　　　　　　　　みぎ

4 なんばんめでしょう。 1つ20〔40てん〕

うえ

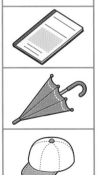

した

❶ ぼうしは　うえから

□　ばんめです。

❷ かさは　したから

□　ばんめです。

 □ まえから　なんばんめ、まえから　なんにんの　ちがいが　わかったかな？
□ まえと　うしろのように　はんたいの　いいかたが　できたかな？

いくつと いくつ ［その１］

きほんのワーク

きほん 1　5は いくつと いくつに わかれますか。

☆ 5は いくつと いくつに わかれますか。
⊞に かずを かきましょう。

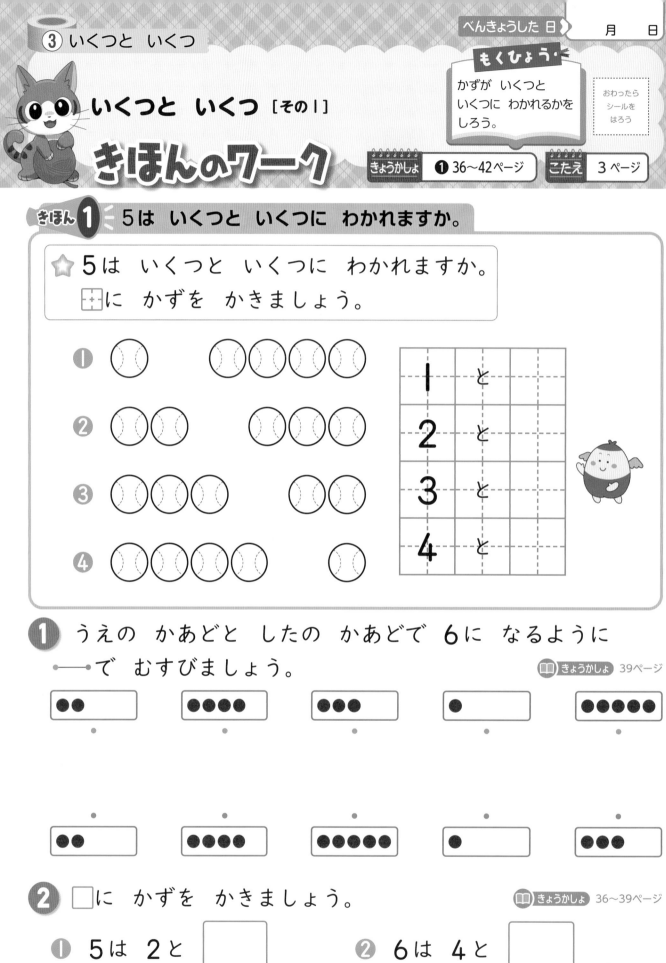

1 うえの かあどと したの かあどで 6に なるように
── で むすびましょう。　　きょうかしょ 39ページ

2 □に かずを かきましょう。　　きょうかしょ 36〜39ページ

① 5は 2と ☐

② 6は 4と ☐

③ 5は 1と ☐

④ 6は ☐ と 3

  「5は 2と いくつかな？」のように ふたりで かずあてげえむを して みよう。 いろいろな かずで やって みてね。

☆ 7は いくつと いくつに わかれますか。
□に かずを かきましょう。

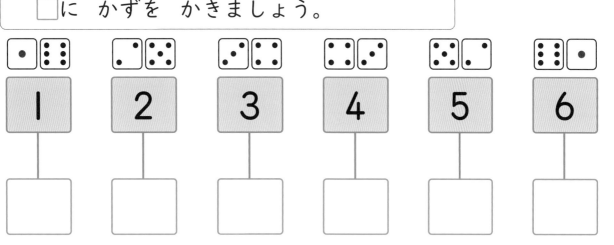

3 8は いくつと いくつに わかれますか。
□に かずを かきましょう。 📖 きょうかしょ 41ページ

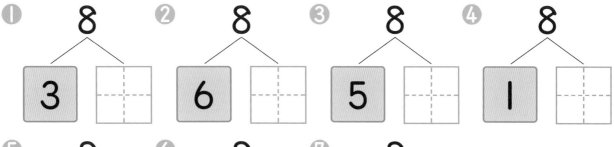

4 9に なるように ── で むすびましょう。 📖 きょうかしょ 42ページ

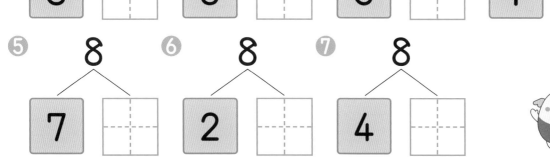

おうちのかたへ 6という数を1と5を合わせた数と見るような場合を合成、逆に6を1と5に分けて見るような場合を分解といいます。これらは加法・減法の計算のもとになる大切な考え方です。

もくひょう
10は いくつと
いくつに わかれるかを
しろう。

おわったら
シールを
はろう

いくつと いくつ ［その2］

きほんのワーク

きょうかしょ ❶ 43〜45ページ　　こたえ　4 ページ

きほん 1 10は いくつと いくつに わかれますか。

☆ 10は いくつと いくつですか。
10に なるように ○に いろを ぬりましょう。

① ●● ○○○○ ○○○○○ と ○○○○○ ○○○○○

② ●●●●● ●●○○○ と ○○○○○ ○○○○○

③ ●●●●● ○○○○○ と ○○○○○ ○○○○○

④ ●●●● ○○○○○○ と ○○○○○ ○○○○○

1 10は いくつと いくつですか。□に かずを
かきましょう。

📖 きょうかしょ 43・44ページ

① 7と ☐　　② 2と ☐　　③ 4と ☐

④ 1と ☐　　⑤ 5と ☐　　⑥ 8と ☐

⑦ 6と ☐　　⑧ 9と ☐　　⑨ 3と ☐

2 ▭ が 10こ あります。かくれて いる かずは
いくつですか。

📖 きょうかしょ 44ページ

① ☐

② ☐

③ ☐

おうちのかたへ 10までの数の合成・分解は、これからの算数の学習の基礎となります。計算の基本をしっ
かりさせるために、十分に練習をしましょう。

まとめのテスト

きょうかしょ ❶ 36〜45ページ　こたえ 4ページ

じかん **20** ぷん

とくてん

／100てん

おわったら シールを はろう

1 よくでる いくつと いくつですか。□に かずを かきましょう。

1つ10〔40てん〕

❶ 7は 2と □

○○○○○○○

❷ 8は 3と □

○○○○○○○○

❸ 6は 4と □

○○○○○○

❹ 9は 5と □

○○○○○○○○○

2 10は いくつと いくつですか。⊞に かずを かきましょう。

1つ10〔30てん〕

❶ 10
4　□

❷ 10
9　□

❸ 10
7　□

3 が 10りょう あります。とんねるに はいって いるのは なんりょうですか。

1つ10〔30てん〕

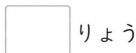

❶ □ りょう

❷ □ りょう

❸ □ りょう

□ かずを いくつと いくつに わける ことが できたかな？
□ 10を つくる ことが できたかな？

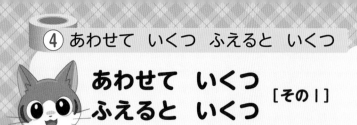

あわせて いくつ
ふえると いくつ [その1]

きほんのワーク

もくひょう
あわせて いくつに
なるかを
かんがえよう。

おわったら
シールを
はろう

きょうかしょ ❷ 2〜5ページ こたえ 4ページ

きほん 1 あわせて いくつに なるか わかりますか。

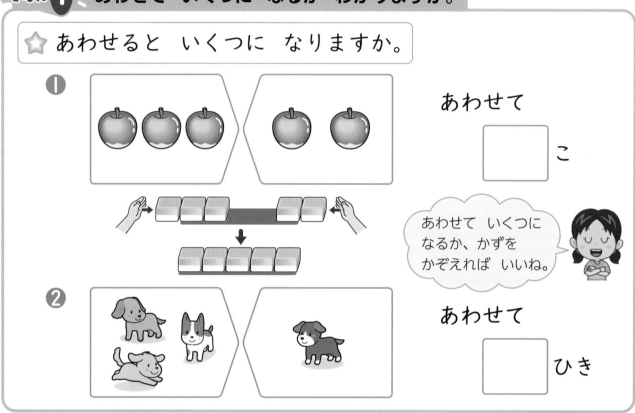

☆ あわせると いくつに なりますか。

① あわせて
　 □ こ

あわせて いくつに
なるか、かずを
かぞえれば いいね。

② あわせて
　 □ ひき

1 あわせると いくつに なりますか。 きょうかしょ 3ページ1

① あわせて □ ぼん
② あわせて □ ほん

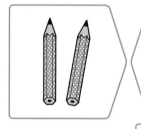

③ あわせて □ ひき
④ あわせて □ わ

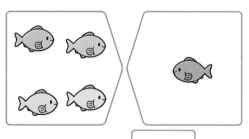

さんすうはかせ　たしざんでは 「＋」の きごうを つかうよね。「たす」と よむ 「＋」の きごうは、
「－」の きごうに たてせんを つける ことで うまれたと いわれて いるよ。

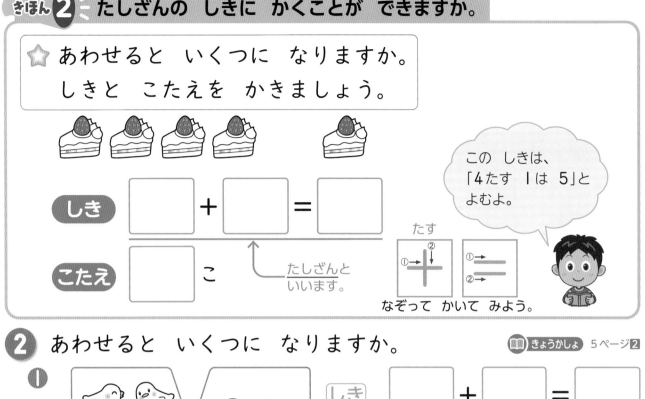

☆ あわせると いくつに なりますか。
しきと こたえを かきましょう。

しき ☐ ＋ ☐ ＝ ☐

こたえ ☐ こ ← たしざんと いいます。

この しきは、
「4たす 1は 5」と
よむよ。

たす
なぞって かいて みよう。

---

2 あわせると いくつに なりますか。 📖 きょうかしょ 5ページ**2**

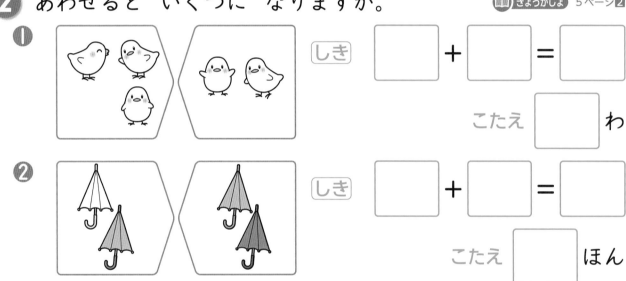

① **しき** ☐ ＋ ☐ ＝ ☐

こたえ ☐ わ

② **しき** ☐ ＋ ☐ ＝ ☐

こたえ ☐ ほん

---

3 しきに かいて こたえましょう。 📖 きょうかしょ 5ページ**2**

① **しき** ☐

たしざんの
しきを かこう。

こたえ ☐ ひき

② **しき** ☐

こたえ ☐ ひき

おうちのかたへ 2つの和が5までのたし算です。「あわせて」の意味を理解します。クッキーやみかんなど、具体物を動かしながら確認してみましょう。

19

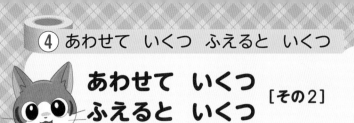

もくひょう

ふえると いくつに
なるかを
かんがえよう。

おわったら
シールを
はろう

あわせて いくつ ふえると いくつ [その2]

きほんのワーク

きょうかしょ ❷ 6〜10ページ　　こたえ 4ページ

きほん **1** ふえると いくつに なるか わかりますか。

⭐ ふえると いくつに なりますか。

❶

１ぴき いれると

☐ びき

あとから いくつか
ふえると、いくつに
なるかを きいて いるね。

❷

３わ ふえると

☐ わ

1 ふえると いくつに なりますか。

📖 きょうかしょ 6ページ**1**

❶

１こ もらうと ☐ こ

❷

３わ ふえると ☐ わ

❸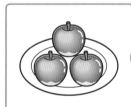

３こ もらうと ☐ こ

❹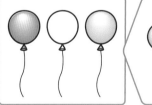

２ひき ふえると ☐ ひき

さんすうはかせ

「えんぴつが ３ぼんと あかえんぴつが １ぽん。あわせると ４ほん。」のように、
たしざんの おはなしを たくさん つくってみよう。

きほん2 たしざんの しきに かくことが できますか。

☆ くるまが 4だい とまって います。
3だい くると、なんだいに なりますか。

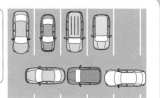

しき　□ ＋ □ ＝ □

こたえ　□ だい

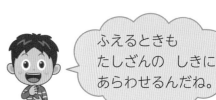
ふえるときも
たしざんの しきに
あらわせるんだね。

---

2 おはなしを しきに かいて こたえを かきましょう。

① ねこが 4ひき います。
5ひき くると、みんなで
なんびきに なりますか。

きょうかしょ 8ページ 2・9ページ 3 4

しき　□ ＝ □　　こたえ □ ひき

② けえきが 7こ あります。
3こ もらうと、なんこに なりますか。

しき　□ ＝ □　　こたえ □ こ

---

3 たしざんを しましょう。

きょうかしょ 7ページ 1・8ページ 2・9ページ 3

① 5＋2＝□　　　② 4＋1＝□

③ 4＋2＝□　　　④ 2＋8＝□

---

4 かあどの こたえを かきましょう。

きょうかしょ 10ページ 4

① 2＋7　□
　おもて　うら

② 3＋2　□

③ 5＋1　□

④ 5＋3　□

おうちのかたへ　「ふえると」と「あわせて」の意味の違いを理解しているかどうか確認しましょう。具体物を
使った操作では、「ふえると」はあとからいくつかをたすことになります。

21

あわせて いくつ
ふえると いくつ [その3]

きほんのワーク

べんきょうした 日 ▶ 　月　日

もくひょう
0の たしざんを しろう。

おわったら
シールを
はろう

きょうかしょ ❷ 11ページ　　こたえ 4 ページ

きほん 1 0の たしざんの いみが わかりますか。

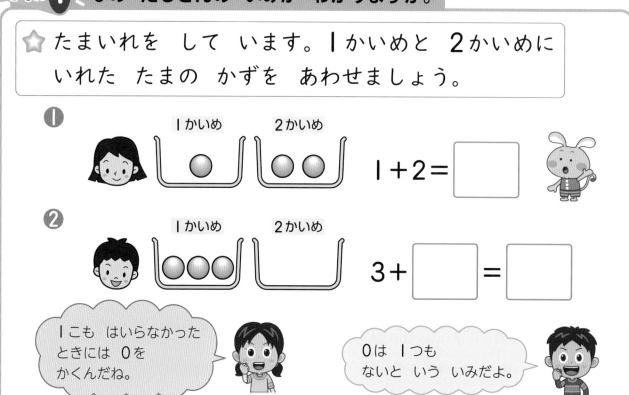

☆ たまいれを して います。1かいめと 2かいめに いれた たまの かずを あわせましょう。

① 1かいめ 2かいめ

$1 + 2 = \boxed{}$

② 1かいめ 2かいめ

$3 + \boxed{} = \boxed{}$

1こも はいらなかった ときには 0を かくんだね。

0は 1つも ないと いう いみだよ。

1 まなさんが いれた かずは、0+2の しきに なります。たまは どのように はいったのでしょうか。かごの なかに ●を かいて あらわしましょう。

📖 きょうかしょ 11ページ1

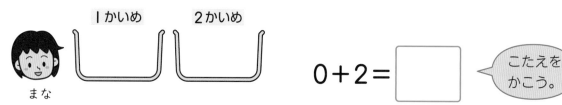

1かいめ 2かいめ

まな

$0 + 2 = \boxed{}$

こたえを
かこう。

2 たまは どのように はいったのでしょうか。かごの なかに ●を かいて あらわしましょう。

📖 きょうかしょ 11ページ1

① 2+0　　　　　　　　　② 0+1

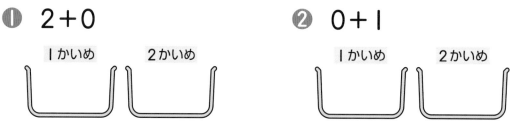

1かいめ 2かいめ　　　　　　1かいめ 2かいめ

おうちのかたへ　0のたし算の意味を理解させます。0にたしたり、0をたすことのイメージがつかみにくいお子さんが多いので、具体物を使ってみましょう。

まとめのテスト

きょうかしょ ❷ 2〜13ページ　こたえ 4ページ

とくてん ／100てん

おわったら シールを はろう

1 よくでる たしざんを しましょう。　　1つ5〔30てん〕

① 3+4=□　　　② 1+8=□

③ 4+2=□　　　④ 6+4=□

⑤ 5+5=□　　　⑥ 0+0=□

2 6+3の おはなしを つくりましょう。　〔30てん〕

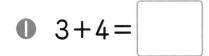

3 いちごけえきが 4こ あります。ちょこれえとけえきが 3こ あります。けえきは ぜんぶで なんこ ありますか。

1つ10〔20てん〕

しき □

こたえ □ こ

4 くるまが 7だい とまって います。あとから 2だい きました。くるまは ぜんぶで なんだいに なりましたか。

1つ10〔20てん〕

しき □

こたえ □ だい

ふろくの「計算れんしゅうノート」2〜5ページをやろう！

 チェック ✔
□ たしざんの しきを かく ことが できたかな？
□ たしざんの けいさんが できたかな？

23

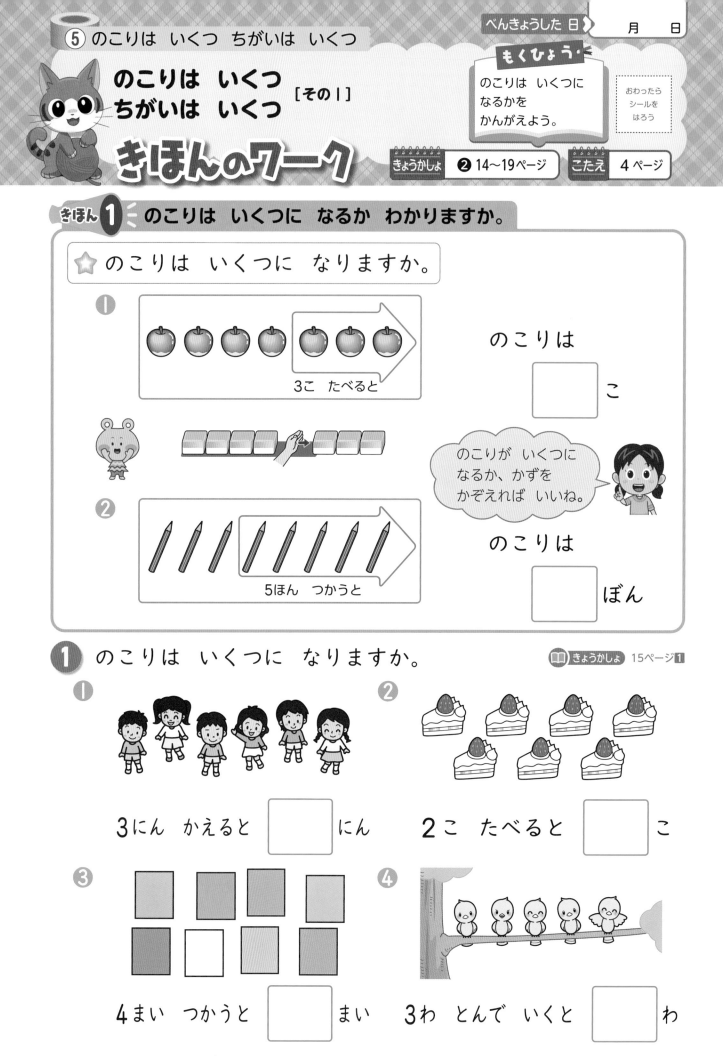

⑤ のこりは いくつ ちがいは いくつ

のこりは いくつ ちがいは いくつ ［その１］

もくひょう
のこりは いくつに なるかを かんがえよう。

おわったら シールを はろう

きほんのワーク

きょうかしょ ❷ 14〜19ページ　こたえ 4 ページ

きほん 1 のこりは いくつに なるか わかりますか。

☆ のこりは いくつに なりますか。

❶ 3こ たべると

のこりは ☐ こ

のこりが いくつに なるか、かずを かぞえれば いいね。

❷ 5ほん つかうと

のこりは ☐ ぼん

1 のこりは いくつに なりますか。

📖 きょうかしょ 15ページ **1**

❶ 3にん かえると ☐ にん

❷ 2こ たべると ☐ こ

❸ 4まい つかうと ☐ まい

❹ 3わ とんで いくと ☐ わ

24　**さんすうはかせ** むかし たるに はいった みずを つかったとき、「ここまで つかったよ」と いう しるしとして たるに よこぼうを ひいたのが 「ー」の きごうの はじめなんだって。

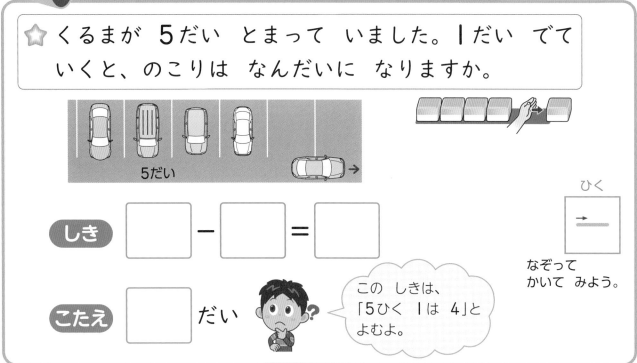

きほん 2 ひきざんの しきに かく ことが できますか。

☆ くるまが 5だい とまって いました。1だい でて いくと、のこりは なんだいに なりますか。

5だい

ひく
→
なぞって
かいて みよう。

しき □ − □ = □

こたえ □ だい

この しきは、
「5ひく 1は 4」と
よむよ。

2 2ひき とんで いくと、のこりは なんびきに なりますか。

📖 きょうかしょ 17ページ2 3

6ぴき

しき □ − □ = □

こたえ □ ひき

3 けえきが 8こ あります。 🍰は 5こです。 🧁は なんこですか。

📖 きょうかしょ 18ページ4 2

しき □ = □

こたえ □ こ

4 こたえが 3に なる かあどに ○を つけましょう。

📖 きょうかしょ 19ページ5

5−4   6−3   7−2   4−1

おうちのかたへ　初めの数量から取りさったり、減少したときの残りの大きさを求めたりします（求残<ruby>きゅうざん</ruby>）。
また、全体とその一部分がわかっているとき、他の部分を求めることを学習します（求補<ruby>きゅうほ</ruby>）。

のこりは いくつ ちがいは いくつ ［その2］

もくひょう
0の ひきざんを しよう。ちがいは いくつに なるかを かんがえよう。

おわったら シールを はろう

きほんのワーク

きょうかしょ ❷ 20〜23ページ　　こたえ 5ページ

きほん**①** 0の ひきざんの いみが わかりますか。

⭐ とらんぷあそびを して います。のこりの は なんまいですか。

 1まい だすと

$$4-1=\boxed{}$$

2まい だすと

$$4-\boxed{}=\boxed{}$$

 4まい だすと

$$4-\boxed{}=\boxed{}$$

1まいも だせないと

 ぱす…。

$$4-\boxed{}=\boxed{}$$

① のこりの  は いくつですか。　📖きょうかしょ 20ページ**1**

① 1こ たべると　② 3こ たべると　③ 1も たべないと

$$3-1=\boxed{}$$　　$$3-3=\boxed{}$$　　$$3-0=\boxed{}$$

② ひきざんを しましょう。　📖きょうかしょ 20ページ **1**

① $6-6=\boxed{}$　② $7-0=\boxed{}$　③ $0-0=\boxed{}$

 おおむかし かずが はつめいされた ときには 「0」という かずは なかったんだって。0を はつめいしたのは いんどじんと いわれているよ。

きほん2　どれだけ　おおいか　わかりますか。

☆　🐰うさぎ　は、🐱ねこ　より　なんびき　おおいですか。

7ひき　　　3びき

おおい

ちがいを　もとめる
ときも　ひきざんの
しきに　あらわせるね。

しき　□　−　□　＝　□　　こたえ　□ ひき
　　　うさぎ　　ねこ　　ちがい

❸　りんごは、みかんより　なんこ　おおいですか。📖きょうかしょ　21ページ1　22ページ1

6こ　　　　　4こ

しき　□　−　□　＝　□　　　　こたえ　□ こ

❹　くろい　いぬが　8ひき　います。しろい　いぬが　5ひき
います。どちらが　なんびき　おおいですか。　📖きょうかしょ　23ページ2　2

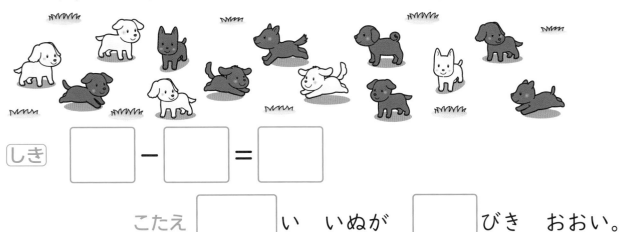

しき　□　−　□　＝　□

こたえ　□ い　いぬが　□ びき　おおい。

おうちのかたへ　2つの数量の差を求める「求差（きゅうさ）」を学習します。求差は、2つの数量が同時に存在するとき、その差を求めるひき算です。残りはいくつ（求残）との違いを理解しましょう。

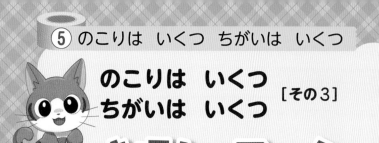

のこりは いくつ ちがいは いくつ [その3]

もくひょう
ちがいを かんがえ よう。ひきざんの おはなしを つくろう。

おわったら シールを はろう

きほんのワーク

きょうかしょ ❷ 24〜25ページ こたえ 5 ページ

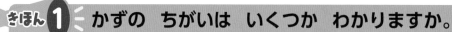

きほん 1 かずの ちがいは いくつか わかりますか。

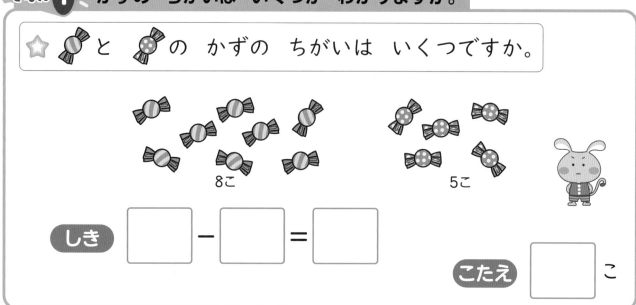

☆ 🍬 と 🍬 の かずの ちがいは いくつですか。

8こ 5こ

しき ☐ − ☐ = ☐

こたえ ☐ こ

① かずの ちがいは いくつですか。

📖 きょうかしょ 24ページ ③ ③ ④

❶
4だい 7だい

しき ☐ = ☐

こたえ ☐ だい

❷
6こ 10こ

しき ☐ = ☐

こたえ ☐ こ

② えを みて おはなしを つくりましょう。

📖 きょうかしょ 25ページ ① ①

4−3=1

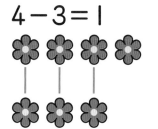

おうちのかたへ 身のまわりにあるものを、ひき算の式に表したり、ひき算のおはなしに表す学習をします。お子さんのつくったおはなしを聞き、ひき算の式で表せるか確認しましょう。

まとめのテスト

きょうかしょ ❷ 14〜27ページ　　こたえ 5ページ

じかん **20** ぷん

とくてん

/100てん

おわったら シールを はろう

1 よくでる ひきざんを しましょう。

1つ5〔50てん〕

① 3−1＝ ☐

② 7−4＝ ☐

③ 6−2＝ ☐

④ 9−7＝ ☐

⑤ 4−3＝ ☐

⑥ 5−4＝ ☐

⑦ 8−8＝ ☐

⑧ 10−3＝ ☐

⑨ 5−0＝ ☐

⑩ 10−8＝ ☐

2 よくでる こたえが 4に なる かあどに ○を つけましょう。

〔10てん〕

6−2　9−4　7−3　10−7

3 あめが 8こ あります。3こ たべました。のこりは
なんこですか。

1つ10〔20てん〕

しき ☐

こたえ ☐ こ

4 いぬが 6ぴき います。ねこが 4ひき います。いぬは
ねこより なんびき おおいですか。

1つ10〔20てん〕

しき ☐

こたえ ☐ ひき

ふろくの「計算れんしゅうノート」6〜9ページを やろう！

 チェック ✔

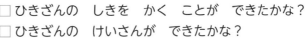
□ ひきざんの しきを かく ことが できたかな？
□ ひきざんの けいさんが できたかな？

かずを せいりしよう

きほんのワーク

もくひょう
かずを せいりして
かんがえて みよう。

おわったら
シールを
はろう

きょうかしょ ❷ 28〜30ページ　　こたえ 5 ページ

きほん ① せいりして かんがえる ことが できますか。

☆ まみさんは おりがみで つるを おって います。

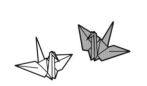  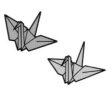 

| げつようび | かようび | すいようび | もくようび |

おった かずだけ
いろを ぬりましょう。

いくつ おったか
みながら ぬろう！

おった かずの ちがいが
ひとめで わかるね。

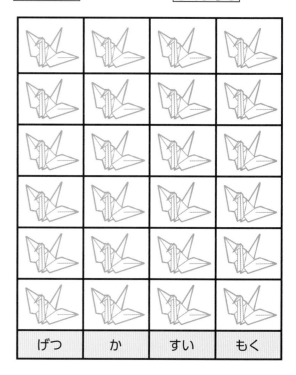

| げつ | か | すい | もく |

① うえの もんだいを みて こたえましょう。　📖 きょうかしょ 28ページ①

❶ いちばん たくさん おったのは
なんようびですか。　　　　　　　　（　　　　　　ようび ）

❷ 4こ おったのは なんようび
ですか。　　　　　　　　　　　　（　　　　　　ようび ）

❸ おった かずが おなじなのは
なんようびと なんようびですか。（___ようびと ___ようび ）

おうちのかたへ 個数を絵グラフに整理して考えます。表やグラフの学習の入り口になります。絵グラフから
わかることを話し合ってみましょう。

まとめのテスト

じかん **20**ぷん

とくてん

/100てん

おわったら
シールを
はろう

1 くだものの かずを くらべましょう。

1つ20〔100てん〕

❶ くだものの かずを
みやすく せいりします。
みぎに くだものの
かずだけ いろを
ぬりましょう。

❷ ばななは なんぼん
ですか。

（　　　　　　）ぼん

❸ いちばん おおい
くだものは どれですか。

（　　　　　　　　　）

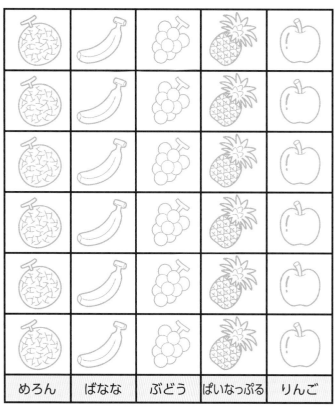

めろん	ばなな	ぶどう	ぱいなっぷる	りんご

❹ いちばん すくない くだものは どれですか。

（　　　　　　　　　　　）

❺ ばななと ぱいなっぷるは どちらが いくつ おおいです
か。

（　　　　　　）が（　　　　　　）つ おおい。

 □ わかりやすく せいりする ことが できたかな？
□ せいりして わかった ことが いえたかな？

もくひょう

10より おおきい 20までの かずを しろう。

おわったら シールを はろう

10より おおきい かず ［その1］

きほんのワーク

きょうかしょ ❷ 36〜41ページ　こたえ 5ページ

きほん 1 20までの かずの かきかたが わかりますか。

☆ かずを すうじで かきましょう。

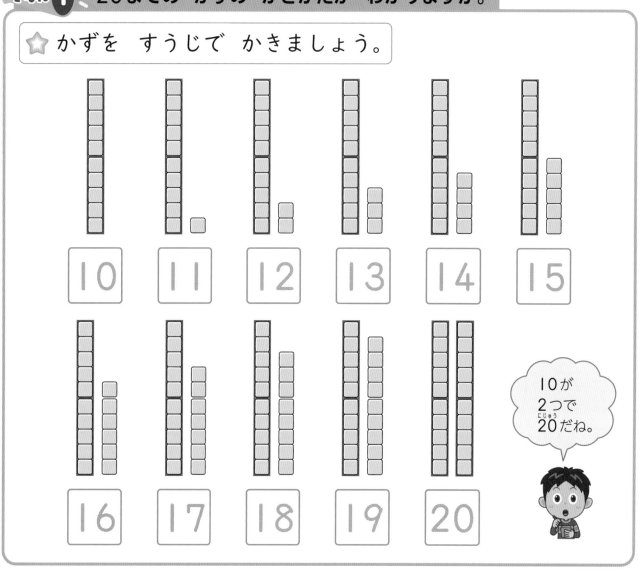

10　11　12　13　14　15

16　17　18　19　20

10が 2つで 20だね。

1 かずを かぞえましょう。

きょうかしょ 39ページ❷ 40ページ❶

❶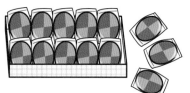

❷

❸

❷は 10の まとまりを かこむと わかりやすいね。

 さんすうはかせ　かずの かぞえかたは こえに だして おぼえよう。2 4 6 8 10(2とび)、5 10 15 20(5とび)も おぼえて おくと べんりだよ。

⭐ □に かずを かきましょう。

❶ 10と 3で

□

❷ 10と □で

16

---

2 かずを かぞえましょう。

📖 きょうかしょ 40ページ **1**

❶ □ こ

❶ 🍒 の かずを かぞえるよ。

❷ □ ほん

❷ 🍌 の かずを かぞえるよ。

❸ □ こ

---

3 □に かずを かきましょう。

📖 きょうかしょ 41ページ **3 4 2**

❶ 10と 5で □

❷ 10と 7で □

❸ 10と □で 12

❹ 10と □で 19

❺ 16は 10と □

❻ 20は 10と □

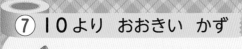

もくひょう

かずの ならびかたを しろう。

おわったら シールを はろう

10より おおきい かず ［その2］

きほんのワーク

きょうかしょ ❷ 42〜43ページ　　こたえ 6ページ

きほん① かずの ならびかたが わかりますか。

☆ □に かずを かきましょう。

❶
| 14 | | 16 | 17 | | 19 | 20 |

❷
| 15 | 14 | | 12 | 11 | | 9 |

---

1 □に かずを かきましょう。

📖 きょうかしょ 42ページ 5 3

❶ 11 — 12 — □ — □ — 15 — □ — 17

❷ 14 — 15 — □ — □ — 18 — □ — 20

❸ 17 — □ — 15 — 14 — □ — □ — 11

❹ 5 — □ — 15 — □

❺ 8 — □ — □ — 12 — □ — □ — 16 — 18 — □

❹は 5つずつ ふえて いるね。
❺は 2つずつ ふえて いるよ。

34

さんすうはかせ かずのせんでは みぎに いくほど かずが おおきくなって いるよ。かずのせんは「すうちょくせん」とも いって、さんすうの べんきょうに よく でてくるよ。

きほん2 かずのせんの みかたが わかりますか。

⭐ □に かずを かきましょう。

0 1 2 3 4 5 6 7 8 9 10 11 12 13 14 15 16 17 18 19 20

 3 おおきい   4 ちいさい

❶ 10より 3 おおきい かずは □

❷ 20より 4 ちいさい かずは □

かずのせんと
いうよ。

2 どこまで すすみましたか。かずを かきましょう。

きょうかしょ 42ページ5

0 1 2 3 4 5 6 7 8 9 10 11 12 13 14 15 16 17 18 19 20

❶ □   ❷ □

3 おおきい ほうに ○を つけましょう。

きょうかしょ 43ページ6 5

❶ 9 — 13   ❷ 15 — 13

❸ 17 — 14   ❹ 18 — 20

❺ 10 — 13   ❻ 16 — 14

どちらが
おおきい
かな？

おうちのかたへ 10から20までの数の並び方を学習します。数直線（かずのせん）は、目もりが等間隔に並んでいることや、右にいくほど数が大きくなることに注意しましょう。

10より おおきい かず［その3］

もくひょう
10より おおきい かずの たしざんと ひきざんの やりかたを しろう。

おわったら シールを はろう

きほんのワーク

きょうかしょ ❷ 44〜45ページ　　こたえ 6ページ

きほん ① 10＋4、14−4の けいさんが わかりますか。

☆ □に かずを かきましょう。

① 10 と 4 で □ です。

② 10 に 4 を たした かず

10＋4＝□

③ 14 から 4 を ひいた かず

14−4＝□

ずを みると わかるね。

1 □に かずを かきましょう。　きょうかしょ 44ページ 1 1

① 10に 3を たした かず
10＋3＝□

② 15から 5を ひいた かず
15−5＝□

2 けいさんを しましょう。　きょうかしょ 44ページ 2

① 10＋2＝□
② 10＋8＝□
③ 10＋1＝□
④ 17−7＝□
⑤ 16−6＝□
⑥ 13−3＝□

さんすうはかせ 0の ことを 「れい」の ほかに 「ぜろ」と よむ ことも あるよ。えいごや ふらんすごでも 「ぜろ」と いうんだって。おもしろいね。

☆ □に かずを かきましょう。

❶ 13に 2を たした かず

13+2= □

❶ 10は そのままで 3+2を すれば いいね。

❷ 15から 2を ひいた かず

15−2= □

❷ 10は そのままで 5−2を すれば いいね。

3 □に かずを かきましょう。　📖 きょうかしょ 45ページ **2 3**

❶ 14に 2を たした かず
14+2= □

❷ 16から 4を ひいた かず
16−4= □

4 けいさんを しましょう。　📖 きょうかしょ 45ページ **3**

❶ 13+4= □

❷ 12+4= □

❸ 12+6= □

❹ 14+5= □

❺ 18−3= □

❻ 17−4= □

❼ 16−2= □

❽ 19−3= □

10と いくつと かんがえれば けいさんできるね。

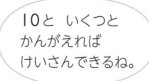 おうちのかたへ

「10+いくつ」「10いくつ+いくつ」のたし算と「10いくつ−いくつ」のひき算のしかたを 学習します。10をひとまとまりと考えて計算します。

れんしゅうのワーク

できた かず

/10もん 中

おわったら
シールを
はろう

きょうかしょ ❷ 36〜45ページ　　こたえ 6ページ

1 かずの ならびかた □に かずを かきましょう。

① 10 — 11 — □ — □ — 14

② 16 — □ — □ — 19 — 20

③ 12 — □ — 16 — 18 — □

2 かずの おおきさ かあどを みて こたえましょう。

14　20

17　19

15　11　16

① いちばん おおきい かずは
□ の かあどです。

② いちばん ちいさい かずは
□ の かあどです。

3 かずのせん □に かずを かきましょう。

0 1 2 3 4 5 6 7 8 9 10 11 12 13 14 15 16 17 18 19 20

かずのせんを
みて
かんがえよう。

① 15より 4 おおきい かずは □

② 17より 3 ちいさい かずは □

できるナビ かずのせんでは、みぎに すすむと おおきい かずに なるよ。はんたいに、ひだりに
すすむと ちいさい かずに なるんだ。

まとめのテスト

じかん 20 ぷん

とくてん　　／100てん

おわったら シールを はろう

1 かずを すうじで かきましょう。

1つ10〔30てん〕

①
　　 こ

②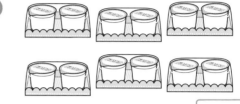
　　 こ

③
　　 ほん

2 よくでる □に かずを かきましょう。

1つ5〔20てん〕

① 16 — 17 — 18 — 19 — □

② 15 — 14 — □ — 12 — 11

③ 3
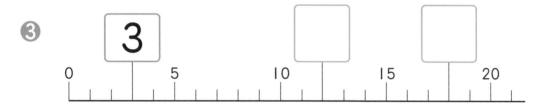

0　　5　　10　　15　　20

3 よくでる おおきい ほうに ○を つけましょう。

1つ5〔10てん〕

① 13　15

② 20　14

4 けいさんを しましょう。

1つ10〔40てん〕

① 10＋3＝ □

② 14＋5＝ □

③ 17－7＝ □

④ 19－4＝ □

 □10より おおきい かずを あらわす ことが できたかな？
□10より おおきい かずの けいさんが できたかな？

ふろくの「計算れんしゅうノート」10・11ページを やろう！

39

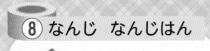 ⑧ なんじ なんじはん

なんじ なんじはん

きほんのワーク

べんきょうした 日 　月　　日

もくひょう
なんじ なんじはんが よめるように しよう。

おわったら シールを はろう

きょうかしょ ❷ 46〜47ページ　こたえ 6 ページ

きほん ① とけいの よみかたが わかりますか。

☆ とけいを よみましょう。

あ
あは ［　］じ です。

 みじかい はりを みると なんじか わかるね。

い
いは ［　］じはん です。

 みじかい はりは 2と 3の あいだ、ながい はりは 6を さして いるよ。

① なんじでしょう。なんじはんでしょう。 きょうかしょ 46ページ2

①  　②  　③

（　　　）　（　　　）　（　　　）

② ながい はりを かきましょう。 きょうかしょ 47ページ1

① 9じ 　　② 1じはん

40

おうちのかたへ 何時、何時半が読めるようにします。時計の読み方がわからないお子さんが多くみられます。ご家庭でも、おりにふれて、時計を見るようにうながしましょう。

まとめのテスト

きょうかしょ ❷ 46〜47ページ　こたえ 6ページ

じかん **20** ぷん

とくてん
/100てん

おわったら
シールを
はろう

1 よくでる とけいを よみましょう。

1つ15〔60てん〕

①

（　　　　　）

②

（　　　　　）

③

（　　　　　）

④

（　　　　　）

2 ながい はりを かきましょう。

1つ15〔30てん〕

① 7じ

② 10じはん

3 9じはんの
とけいは、⑧、ⓘの
どちらですか。

〔10てん〕

（　　　　　）

⑧ 　ⓘ

 □ なんじ なんじはんの よみかたが わかったかな？
□ とけいの はりを かく ことが できたかな？

41

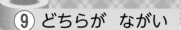

どちらが ながい ［その１］

もくひょう
ながさを くらべられるように しよう。

おわったら シールを はろう

きほんのワーク

きょうかしょ ❷ 48〜51ページ　　こたえ 7 ページ

きほん① ながさを くらべる ことが できますか。

☆ えを みて、ⓐから ⓔで こたえましょう。

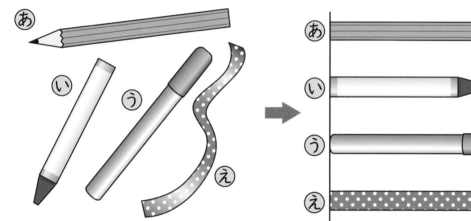

① いちばん ながい もの （　　　）

② いちばん みじかい もの （　　　）

はしを そろえて くらべて いるんだね。

① ⓐ、ⓘの どちらが ながいですか。

きょうかしょ 48ページ❶

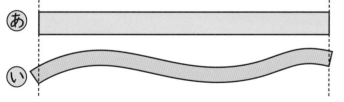　（　　　）

② たてと よこの ながさを くらべます。ⓐと ⓘでは、どちらが ながいですか。

きょうかしょ 48ページ❶

① 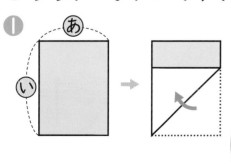 （　　　）

② 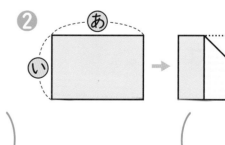 （　　　）

 きみの ふでばこには なんぼんの えんぴつが はいって いるかな。つくえの うえに たてて ながさくらべを して みよう。

きほん2 テープを つかって ながさを くらべられますか。

☆ つくえの よこの ながさと ドアの はばを、テープを
つかって くらべます。あ、いは どちらが
ながいですか。

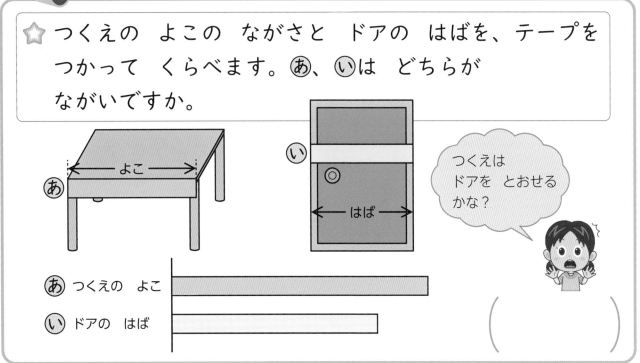

つくえは
ドアを とおせる
かな？

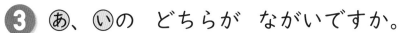

あ つくえの よこ

い ドアの はば

(   )

3 あ、いの どちらが ながいですか。
📖 きょうかしょ 49ページ 2

①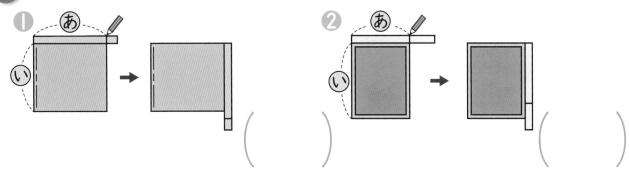
( )

② ( )

4 いろいろな ものの ながさを、テープを つかって
くらべました。あ、い、う、えで こたえましょう。

📖 きょうかしょ 49ページ 3
50ページ 4

あ つくえの たかさ

い ほんだなの はば

う ほんだなの たかさ

え すいそうの はば

① いちばん ながいのは どれですか。   (   )

② いちばん みじかいのは どれですか。   (   )

おうちのかたへ　長さについて学習します。比べる物を並べたり重ねたりして比べる直接比較と、テープなど
に写しとって比べる間接比較を学びます。

どちらが ながい ［その2］

きほんのワーク

もくひょう
ながさを
いくつぶんかで
くらべよう。

おわったら
シールを
はろう

きょうかしょ　❷ 52ページ　　こたえ　7 ページ

きほん 1　いくつぶんの ながさか わかりますか。

☆ ⓐ、ⓘの どちらが ながいですか。

ⓐは 6つぶん
ⓘは 4つぶん
だね。

（　　　　　）

1　どちらが ながいですか。　📖 きょうかしょ 52ページ ❶

ⓐ

ⓘ

（　　　　　）

2　ながさを しらべましょう。　📖 きょうかしょ 52ページ ❻

❶　ⓐ、ⓘ、ⓤ、ⓔ、ⓞは、
それぞれ ますの いく
つぶんの ながさですか。

ⓐ　□ つぶん

ⓘ　□ つぶん

ⓤ　□ つぶん　ⓔ　□ つぶん　ⓞ　□ つぶん

❷　ⓐと ⓘでは、どちらが ますの いくつぶん
ながいですか。　□ が ますの □ つぶん ながい。

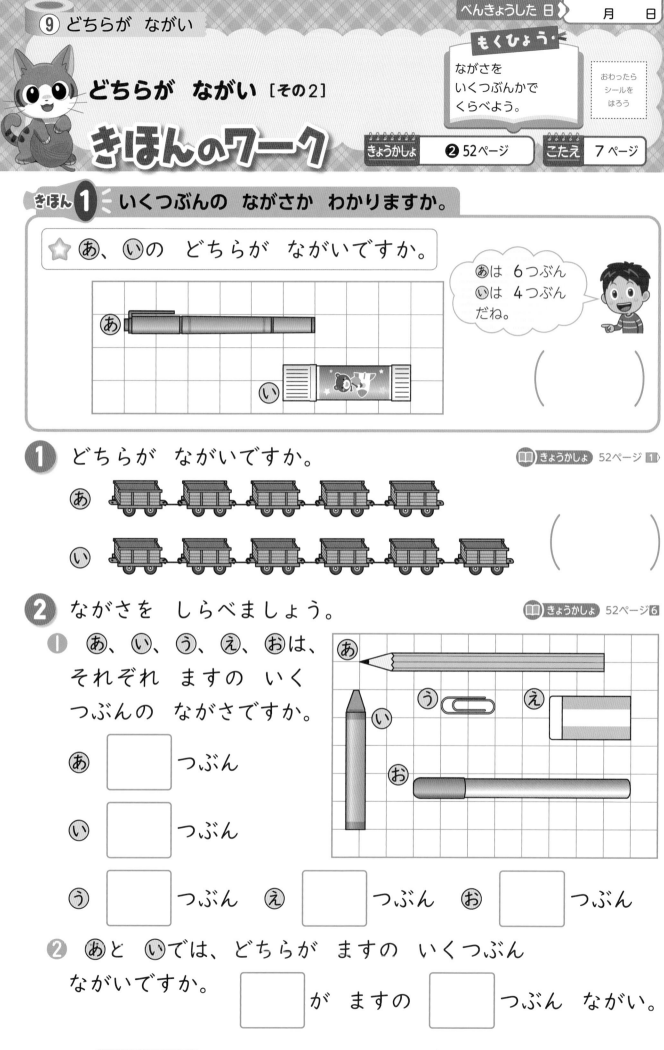

おうちのかたへ　長さをある量のいくつ分かで比べることを学びます。この方法は、このあとに学習するかさ（体積）でも出てきます。ものさしを使う学習（2年生）の前段階と考えてください。

まとめのテスト

じかん **20** ぷん

とくてん
／100てん

おわったら
シールを
はろう

1 えを みて、あ、い、う、えで こたえましょう。　1つ20〔40てん〕

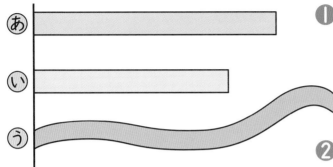

❶ いちばん ながいのは
どれですか。

（　　　　　）

❷ いちばん みじかいのは
どれですか。

（　　　　　）

2 よくでる たてと よこでは どちらが ながいですか。　1つ20〔40てん〕

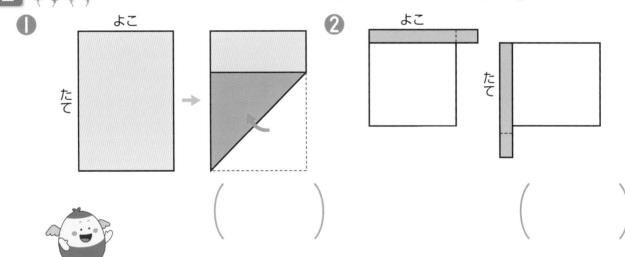

❶（　　　　　）

❷（　　　　　）

3 ながい じゅんに あ、い、うで こたえましょう。　〔20てん〕

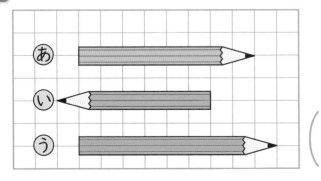

いちばん ながい
のは どれかな？

（　　　→　　　→　　　）

チェック ✔ □ながさを くらべる ことが できたかな？
□いくつぶんと かんがえる ことが できたかな？

45

ふえたり へったり ［その1］

きほんのワーク

もくひょう
3つの かずの
たしざん、ひきざんの
やりかたを しろう。

おわったら
シールを
はろう

きょうかしょ ❷ 53〜55ページ　　こたえ 7 ページ

きほん 1 3つの かずの たしざんが わかりますか。

☆ みんなで なんわに なりましたか。
□に かずを かきましょう。

 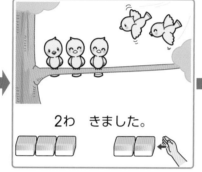 

3わ いました。　　2わ きました。　　1わ きました。

しき 3＋□＋□＝□

1つの しきで
かく ことが できます。

3＋2の こたえに
1を たせば いいね。

こたえ □ わ

❶ みんなで なんびきに なりましたか。□に かずを
かきましょう。

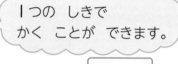 きょうかしょ 53ページ1

2ひき いました。　　1ぴき きました。　　4ひき きました。

しき 2＋□＋□＝□　　こたえ □ ひき

❷ けいさんを しましょう。

きょうかしょ 54ページ2

① 3＋4＋1＝□　　② 4＋2＋1＝□

③ 9＋1＋2＝□　　④ 4＋6＋3＝□

さんすうはかせ　3つの かずの けいさんは、まえの 2つの かずの けいさんを した こたえと
3つめの かずを けいさんするんだ。じゅんばんに けいさんすれば いいよ。

⭐ かえるは なんびきに なりましたか。
　□に かずを かきましょう。

7ひき のっていました。

2ひき おりました。

1ぴき おりました。

しき 　7－ □ － □ ＝ □　　こたえ □ ひき

ひきざんも 1つの しきで かけるね。

7－2の こたえから 1を ひけば いいんだね。

3 とりは なんわに なりましたか。□に かずを かきましょう。

📖 きょうかしょ 55ページ 2

8わ いました。

3わ とんで いきました。

2わ とんで いきました。

しき 　8－ □ － □ ＝ □　　こたえ □ わ

4 けいさんを しましょう。

📖 きょうかしょ 55ページ 3

① 7－3－1＝ □　　② 10－5－3＝ □

③ 13－3－4＝ □

④ 17－7－6＝ □

③13－3＝10 だから、 10から 4を ひけば いいね。

おうちのかたへ　3つの数のたし算、ひき算を学習します。3＋2＝5、5＋1＝6のような2つのたし算を、 3＋2＋1のように1つの式で表すことの便利さに注目しましょう。

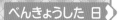

ふえたり へったり ［その2］

きほんのワーク

もくひょう

たしざんと ひきざんが
まざった 3つの かずの
けいさんを しよう。

おわったら
シールを
はろう

きょうかしょ ❷ 56～58ページ　　こたえ 7ページ

きほん ❶　たしざんと ひきざんの まざった しきが わかりますか。

⭐ りすは なんびきに なりましたか。
　□に かずを かきましょう。

4ひき のって います。　　2ひき おりました。　　3びき のります。

しき 4－ □ ＋ □ ＝ □　　こたえ □ ひき

たしざんと ひきざんの
まざった けいさんも
1つの しきに かけるね。

4－2の こたえに
3を たせば いいね。

❶ あめは なんこに なりましたか。□に かずを
かきましょう。

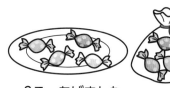きょうかしょ 56ページ ③

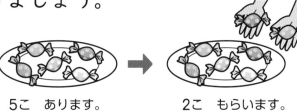

5こ あります。　　2こ もらいます。　　3こ あげました。

しき 5＋ □ － □ ＝ □　　　こたえ □ こ

❷ けいさんを しましょう。

きょうかしょ 56ページ ⑤

❶ 6＋2－5＝ □　　　❷ 3＋7－2＝ □

❸ 7－3＋4＝ □　　　❹ 10－4＋3＝ □

おうちのかたへ　3つの数の計算のうち、たし算とひき算が混ざったものを学習します。理解しにくいお子さんには、ブロックなどを使い、「増えたり、減ったり」することをイメージさせます。

まとめのテスト

じかん 20 ぷん

とくてん /100てん

おわったら シールを はろう

きょうかしょ ❷ 53～58ページ　　こたえ 7ページ

1 かめは なんびきに なりましたか。1つの しきに かいて こたえましょう。

1つ10〔20てん〕

3びき います。　　1ぴき のりました。　　2ひき おりました。

しき

こたえ □ ひき

2 おにぎりは なんこに なりましたか。1つの しきに かいて こたえましょう。

1つ10〔20てん〕

10こ あります。　　2こ たべました。　　3こ たべました。

しき

こたえ □ こ

3 けいさんを しましょう。

1つ10〔60てん〕

❶ 3+2+4= □　　❷ 8+2+7= □

❸ 9-3-2= □　　❹ 16-6-3= □

❺ 1+9-6= □　　❻ 10-7+5= □

ふろくの「計算れんしゅうノート」12・13ページを やろう!

□ 1つの しきに かく ことが できたかな?
□ 3つの かずの たしざんと ひきざんが できたかな?

49

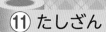

たしざん [その1]

きほんのワーク

きょうかしょ ❷ 60〜63ページ こたえ 7 ページ

もくひょう
9や 8に たす
たしざんを しよう。

おわったら
シールを
はろう

きほん **1** 9に たす たしざんが わかりますか。

☆ 9+3の けいさんの しかたを かんがえます。
□に かずを かきましょう。

❶ 9は あと □ で 10。

10の まとまりを
つくれば いいね。
9は あと 1で 10だから、
3を 1と 2に わけるよ。

❷ 3を 1と □ に わける。

❸ 9に 1を たして □ 。

$$9+3=12$$

⑩ ① ②

❹ 10と 2で □ 。

1 ○と □に かずを かきましょう。

📖 きょうかしょ 61ページ**1**

❶ $9+5=$ □

⑩ ① ④

・9に ○ を たして 10。

10と ○ で 14。

❷ $9+2=$ □

⑩ ① ①

・9に ○ を たして 10。

10と ○ で 11。

さんすうはかせ たしざんでは 10の まとまりを つくる ことが たいせつだよ。あわせて 10に
なる くみあわせを すらすら いえるように して おこう。

☆ ◯に かずを かいて、たしざんの
しかたを せつめいしましょう。

❶ 8+5=13 ・8に ◯ を たして 10。

⑩ 2 3

10と ◯ で 13。

❷ 8+4=12 ・8に ◯ を たして 10。

⑩ 2 2

10と ◯ で 12。

2 ◯と □に かずを かきましょう。  きょうかしょ 63ページ ①

① 9+4=□

⑩ ① 3

② 8+3=□

⑩ 2 ①

③ 8+6=□

⑩ 2 ◯

④ 9+7=□

⑩ ◯ ◯

3 けいさんを しましょう。  きょうかしょ 63ページ ①

① 9+8=□ ② 8+8=□ ③ 9+9=□

④ 8+7=□ ⑤ 8+9=□ ⑥ 7+5=□

べんきょうした 日 ▶ 　　月　　日

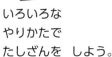
もくひょう
いろいろな
やりかたで
たしざんを しよう。

おわったら
シールを
はろう

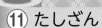 たしざん ［その2］

きょうかしょ ❷ 64〜70ページ　こたえ 8 ページ

きほん ① 5+8や 4+7の けいさんが わかりますか。

☆ ○に かずを かいて、たしざんの
しかたを せつめいしましょう。

❶ 5+8=13
　　3　2　⑩

・5を 3と ○に わける。
　8に ○を たして 10。
　3と 10で ○。

❷ 4+7=11
　　1　3　⑩

・4を 1と ○に わける。
　7に ○を たして 10。
　1と 10で ○。

+の まえの かずを
わけて いるね。

10の まとまりを
つくって いるね。

---

1 けいさんを しましょう。

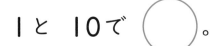
きょうかしょ 64ページ ❷
67ページ ❹

❶ 2+9= ☐　　❷ 3+9= ☐　　❸ 4+8= ☐

❹ 5+9= ☐　　❺ 6+6= ☐　　❻ 7+6= ☐

❼ 6+8= ☐　　❽ 8+5= ☐　　❾ 7+8= ☐

たしざんには、+の あとの かずを わけて 10の まとまりを つくる ほうほうと、
+の まえの かずを わけて 10を つくる ほうほうの 2つが あるよ。

☆ 4＋9の けいさんを ①、②の やりかたで かんがえましょう。

① 4を 10に する。

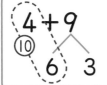

4に □ を たして 10。

10と □ で □ 。

② 9を 10に する。

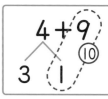

9に □ を たして 10。

3と □ で □ 。

2 3＋8を 2つの やりかたで けいさんしましょう。

きょうかしょ 65ページ 4

① 3＋8＝ □
7 ◯

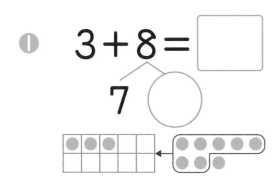

② 3＋8＝ □
1 ◯

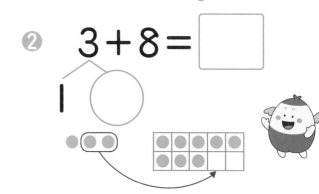

3 こたえが 15に なるように、□に かずを かきましょう。

きょうかしょ 67ページ 5

① 7＋ □

② 9＋ □

③ □ ＋6

④ □ ＋8

4 おりがみで つるを おりました。まなみさんは 7こ、あおいさんは 6こ おりました。おった つるは あわせて なんこですか。

きょうかしょ 64ページ 3

しき □

こたえ □ こ

53

れんしゅうのワーク

できた かず

／14もん 中

おわったら
シールを
はろう

きょうかしょ ❷ 60〜71ページ　　こたえ 8ページ

1 たしざんカード こたえが おなじに なる カードを ——で
むすびましょう。□に こたえも かきましょう。

8＋5	・	・	9＋5＝
3＋9	・	・	7＋4＝
7＋7	・	・	6＋6＝
5＋6	・	・	8＋7＝
9＋6	・	・	5＋8＝

2 たしざん こたえが おおきい ほうに ○を つけましょう。

❶ 4＋8　6＋7　　❷ 9＋3　6＋8

❸ 8＋8　5＋7　　❹ 3＋8　9＋7

できる ナビ けいさんに つよく なるには なんかいも けいさんを れんしゅうする ことが
たいせつだよ。まちがえた もんだいは かならず やりなおして おくように しよう。

まとめのテスト

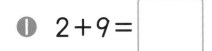

とくてん

/100てん

おわったら
シールを
はろう

1 けいさんを しましょう。

1つ5〔60てん〕

① 2+9=☐

② 7+8=☐

③ 5+6=☐

④ 8+3=☐

⑤ 6+9=☐

⑥ 3+8=☐

⑦ 9+5=☐

⑧ 5+8=☐

⑨ 4+7=☐

⑩ 8+9=☐

⑪ 9+4=☐

⑫ 7+6=☐

2 おやの きりんが 4とう います。こどもの きりんが 8とう います。きりんは、あわせて なんとう いますか。

1つ10〔20てん〕

しき ☐

こたえ（　　　）

3 きんぎょを 7ひき かって います。4ひき もらいました。きんぎょは、ぜんぶで なんびきに なりましたか。

1つ10〔20てん〕

しき ☐

こたえ（　　　）

□ 10の まとまりを つくる ことが できたかな？
□ たしざんの けいさんが できるように なったかな？

ふろくの「計算れんしゅうノート」14〜18ページを やろう！

⑫ かたちあそび

べんきょうした 日 ▶ 　月　日

もくひょう
みの まわりに ある はこや つつ、ボールの かたちを しろう。

おわったら
シールを
はろう

かたちあそび

きほんのワーク

きょうかしょ ❷ 72〜76ページ　こたえ 8ページ

きほん ❶ にて いる かたちが わかりますか。

☆ にて いる かたちを ── で むすびましょう。

   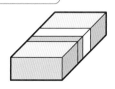

 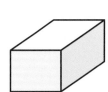 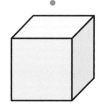 

❶ なかまが ちがう かたちを ○で かこみましょう。

📖 きょうかしょ　72ページ 1　74ページ 2

①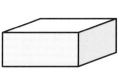

②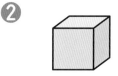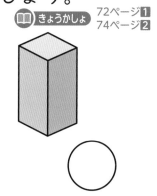

❷ みぎの つみきを つかって かける かたちは ⓐ、ⓘ、ⓤ、ⓔの うち どれですか。ぜんぶ えらびましょう。

📖 きょうかしょ 75ページ 3 2

ⓐ　　　ⓘ　　　ⓤ　　　ⓔ

どの かたちが かけるかな？

（　　　　　　　）

さんすうはかせ ティッシュペーパーの あきばこが あったら、はさみを つかって きりひらいて ごらん。どんな かたちに なるかな。はさみは おうちの ひとと つかおうね。

56

まとめのテスト

きょうかしょ ❷ 72〜76ページ　こたえ 9ページ

じかん **20** ぷん

とくてん

/100てん

おわったら
シールを
はろう

1 よくでる したの かたちを みて、あから けで こたえましょう。

1つ20〔60てん〕

あ 　い 　う 　え

お 　か 　き 　く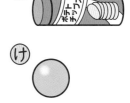

け

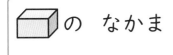の なかま

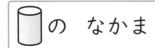の なかま

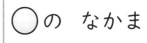の なかま

2 つみきを つかって ❶、❷の かたちを かきました。
つかった つみきを あ、い、う、えで こたえましょう。

1つ10〔20てん〕

❶ 　（　　　）

❷ 　（　　　）

あ 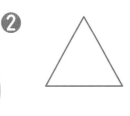　い 　う 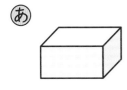　え

3 みぎの つみきを つかって かける かたちは、あ、い、う
の うち どれですか。

〔20てん〕

あ 　い 　う 　

（　　　）

チェック✓　□いろいろな かたちの なかまわけが できたかな？
□かたちを うつす ことが できたかな？

57

ひきざん [その1]

もくひょう・

9や 8、7を ひく
ひきざんを しよう。

おわったら
シールを
はろう

きょうかしょ ❷ 78～81ページ　　こたえ 9ページ

きほん ❶ 9を ひく ひきざんが わかりますか。

☆ 14－9の けいさんの しかたを かんがえます。
　□に かずを かきましょう。

❶ 4から 9は ひけないので、
　14を 10と 4に わける。

❷ 10から 9を ひいて □。

❸ 1と 4で □。

$$14 - 9 = □$$
⑩ ④

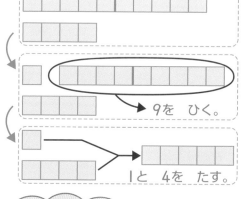

9を ひく。

1と 4を たす。

10の まとまりから
ひいて のこりを
たして いるね。

---

1 ○と □に かずを かきましょう。

📖きょうかしょ 79ページ❶

❶
$$12 - 9 = □$$
⑩ ②

・12を 10と ○に わける。

10から 9を ひいて ○。

1と ○で 3。

❷
$$15 - 9 = □$$
⑩ ⑤

・15を 10と ○に わける。

10から 9を ひいて ○。

1と ○で 6。

 ひく
ーの まえの かずを 10と いくつに わけて かんがえよう。
わからない ときは ブロックを うごかしながら かんがえて みよう。

⭐ □に かずを かいて、ひきざんの
しかたを せつめいしましょう。

$$13 - 8 = 5$$

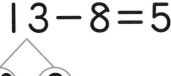

・3から 8は ひけないので、

13を 10と □ に わける。

10から 8を ひいて □ 。

2と 3で □ 。

13を 10と
3に わければ
いいね。

2 ◯と □に かずを かきましょう。　📖 きょうかしょ 81ページ **2**

① $13 - 9 = \boxed{}$ 　　② $12 - 8 = \boxed{}$

③ $14 - 8 = \boxed{}$ 　　④ $15 - 7 = \boxed{}$

10の まとまりから ひこう。

3 けいさんを しましょう。　📖 きょうかしょ 81ページ **1**

① $13 - 7 = \boxed{}$ 　② $15 - 8 = \boxed{}$ 　③ $17 - 9 = \boxed{}$

④ $17 - 8 = \boxed{}$ 　⑤ $16 - 7 = \boxed{}$ 　⑥ $11 - 8 = \boxed{}$

おうちのかたへ　9や8、7をひくくり下がりのあるひき算を学習します。ひかれる数を10といくつに分解し、10からひいて残りをたすことを意識しましょう。

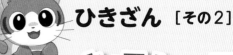

ひきざん [その2]

きほんのワーク

きほん ① 13−4や 14−6の けいさんが わかりますか。

☆ ◯に かずを かいて、ひきざんの しかたを せつめいしましょう。

① $13 - 4 = 9$

③ ①

・4を 3と ◯に わける。

13から 3を ひいて ◯。

10から ◯を ひいて 9。

② $14 - 6 = 8$

④ ②

・6を ◯と 2に わける。

14から ◯を ひいて 10。

10から 2を ひいて ◯。

ひく かずを わけて いるね。

10の まとまりを つくって ひいて いるね。

① けいさんを しましょう。

きょうかしょ 82ページ ❷

① $11 - 2 = \boxed{}$ ② $12 - 3 = \boxed{}$ ③ $12 - 4 = \boxed{}$

④ $13 - 6 = \boxed{}$ ⑤ $15 - 6 = \boxed{}$ ⑥ $17 - 8 = \boxed{}$

⑦ $15 - 7 = \boxed{}$ ⑧ $17 - 9 = \boxed{}$ ⑨ $16 - 7 = \boxed{}$

 さんすうはかせ ひきざんの ほうほうを こえに だして せつめいして ごらん。こえに だして せつめいすると とても よく わかるよ。おうちの ひとに きいて もらおう。

☆ 11−3の けいさんを ❶、❷の やりかたで かんがえましょう。

❶ 11を 10と 1に わける。

11−3
10 1

10から □ を ひいて 7。

7と □ で □。

❷ 3を 1と 2に わける。

11−3
1 2

□ から 1を ひいて 10。

□ から 2を ひいて 8。

❷ 13−5を 2つの やりかたで けいさんしましょう。

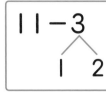
きょうかしょ 83ページ❹

❶ 13−5= □

10 ◯

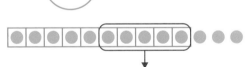

❷ 13−5= □

3 ◯

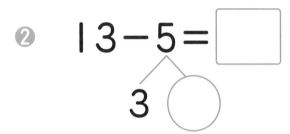

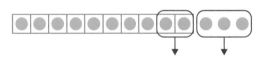

❸ こたえが 8に なるように、□に かずを かきましょう。

きょうかしょ 84ページ❺

❶ 16− □

❷ 14− □

❹ プリンが 15こ、チーズケーキが 6こ あります。
プリンは チーズケーキより なんこ おおいですか。

きょうかしょ 82ページ❸

しき □

こたえ □ こ

おうちのかたへ これまで学習した減加法に加えて、ひく数を2つに分けて2回ひく、減減法を学びます。
おもに減加法を学びますが、減減法の方が、計算しやすい場合もあります。

べんきょうした 日　　月　　日

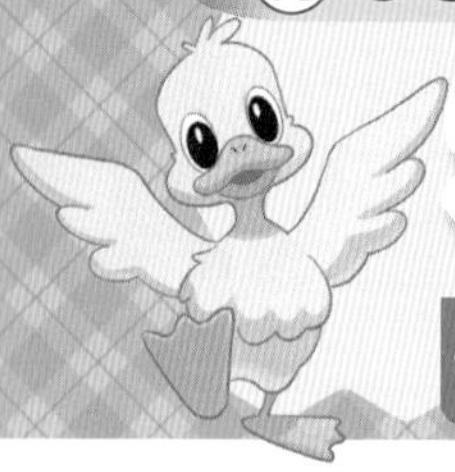

れんしゅうのワーク

きょうかしょ ❷78〜89ページ　こたえ 9ページ

できた かず
/14もん 中

おわったら シールを はろう

1 ひきざん カード　こたえが おなじに なる カードを •—• で むすびましょう。□に こたえも かきましょう。

12−9 •	• 13−9= □
14−7 •	• 11−8= □
12−3 •	• 17−9= □
13−5 •	• 12−5= □
11−7 •	• 18−9= □

2 ひきざん　こたえが おおきい ほうに ○を つけましょう。

❶ 11−8　13−7

❷ 14−5　16−8

❸ 15−6　12−6

❹ 15−9　12−4

できるナビ　まちがえた もんだいは やりなおして、どうして まちがえたか たしかめて おこう。

まとめのテスト

きょうかしょ ❷78〜89ページ　こたえ 10ページ

じかん **20** ぷん

とくてん ／100てん

おわったら シールを はろう

1 けいさんを しましょう。　1つ5〔60てん〕

① 11−4=☐　② 12−4=☐

③ 13−7=☐　④ 11−6=☐

⑤ 17−8=☐　⑥ 14−5=☐

⑦ 12−8=☐　⑧ 16−8=☐

⑨ 15−6=☐　⑩ 13−6=☐

⑪ 18−9=☐　⑫ 14−8=☐

2 よくでる えんぴつが 12ほん あります。4ほん つかうと、のこりは なんぼんに なりますか。　1つ10〔20てん〕

しき ☐

こたえ（　　　）

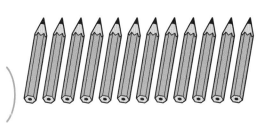

3 あかい いろがみが 16まい、あおい いろがみが 8まい あります。どちらが なんまい おおいですか。　1つ10〔20てん〕

しき ☐

こたえ（____ い いろがみが、____ まい おおい。）

チェック ✓
□ 10と いくつに わけて かんがえる ことが できたかな？
□ ひきざんの けいさんが できるように なったかな？

たすのかな ひくのかな

きほんのワーク

もくひょう
もんだいを しきに
あらわそう。しきに
なる わけも いおう。

おわったら
シールを
はろう

きょうかしょ ❷90〜91ページ　こたえ 10ページ

きほん 1 しきの わけを かく ことが できますか。

☆ こうえんで 5にんで あそんで いました。そこへ
ともだちが 8にん きました。みんなで なんにんに
なりましたか。

❶ しきに かいて けいさんしましょう。

しき [　　　　　] = [　　] こたえ [　　] にん

❷ □に あう かずを かきましょう。

5＋8に なる わけは、はじめ [　　] にん いて、

あとから [　　] にん きて、ふえたからです。

1 りんごが 12こ ありました。その うち 7こ
たべました。のこりは なんこに なりましたか。

❶ しきに かいて けいさんしましょう。　　📖 きょうかしょ 90・91ページ

しき [　　　　　] = [　　]　　こたえ [　　] こ

❷ □に あう かずを かきましょう。

12−7の しきに なる わけは、はじめ [　　] こ

あって、その うち [　　] こ たべて、へったからです。

おうちのかたへ　これまで学習した、たし算、ひき算の文章問題です。たし算とひき算のどちらを使うか、
式を立てた理由も言えるようにします。

まとめのテスト

きょうかしょ ❷ 90〜91ページ　　こたえ 10ページ

じかん **20** ぷん

とくてん

／100てん

おわったら
シールを
はろう

1 こうえんで こどもが あそんで います。

ジャングルジムに **6**にん、てつぼうに **7**にん います。

あわせて なんにんですか。　　　　　　　　　1つ10〔30てん〕

❶ たしざんと ひきざんの どちらを つかいますか。

❷ しきに かいて けいさんしましょう。

しき

こたえ ⬜ にん

2 よくでる あおい えんぴつが **8**ほん、あかい えんぴつが

6ぽん あります。　　　　　　　　　　　しき20・こたえ15〔70てん〕

❶ あわせて なんぼん ありますか。

しき

こたえ ⬜ ほん

❷ どちらが なんぼん おおいですか。

しき

こたえ ⬜ い えんぴつが ⬜ ほん おおい。

チェック ✔ □ もんだいを しきに あらわす ことが できたかな？
　　　　　　□ たしざんと ひきざんの どちらで かんがえるか わかったかな？

65

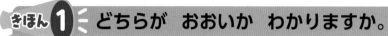

どちらが おおい どちらが ひろい

もくひょう
いれものに はいる みずの おおさや、ひろさを くらべよう。

おわったら シールを はろう

きほんのワーク

きょうかしょ ❷ 92〜97ページ　こたえ 10ページ

きほん 1　どちらが おおいか わかりますか。

☆ おおく はいる ほうに ◯を つけましょう。

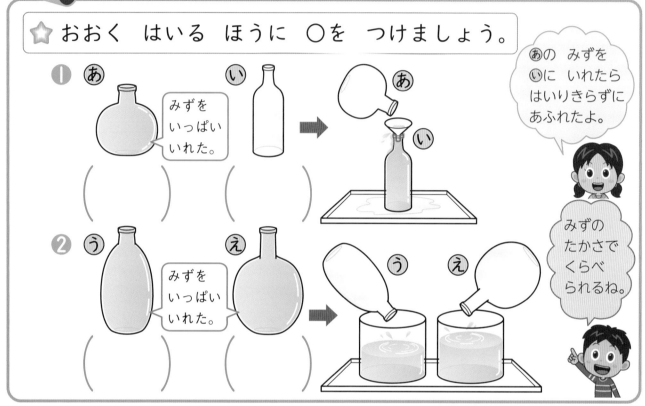

あの みずを いに いれたら はいりきらずに あふれたよ。

みずの たかさで くらべられるね。

1 いちばん おおいのは どれですか。
📖 きょうかしょ 94ページ ❷

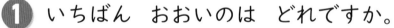

みずの たかさは おなじだね。

2 どちらが どれだけ おおく はいりますか。
📖 きょうかしょ 95ページ ❷

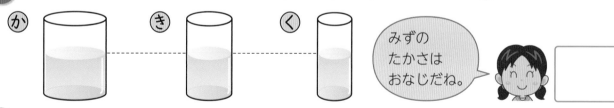

さは ▢で ▢ はい　　しは ▢で ▢ はい

▶ ▢ の ほうが ▢ はいぶん おおく はいる。

 さんすうはかせ　ペットボトルに 500mLや 2Lと かいて いないかな。mLは 「ミリリットル」、Lは 「リットル」と よむよ。みずの りょうを あらわす ことば なんだ。

☆ どちらの シートが ひろいですか。

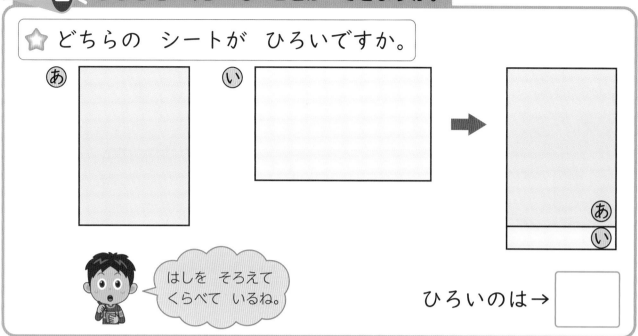

あ

い

はしを そろえて くらべて いるね。

ひろいのは→ [　]

3 ひろい じゅんに かきましょう。　📖 きょうかしょ 96ページ**1**

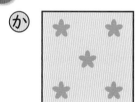 か

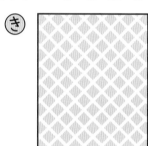 き

<

(　　 → 　　 → 　　)

4 あかと あおの どちらが ひろいですか。　📖 きょうかしょ 97ページ**2**

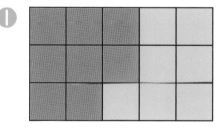 ❶

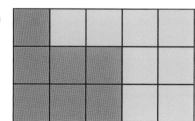 ❷

(　　　　)　　　　(　　　　)

れんしゅうのワーク

1 かさくらべ　いれものに はいる みずを おなじ カップに いれたら、したの ように なりました。

すいとう

なべ

ポット

❶ それぞれの いれものには、カップで なんはいぶんの みずが はいりますか。

◎ すいとう　　　◎ なべ　　　◎ ポット

　□ はい　　　□ はい　　　□ はい

❷ みずが いちばん おおく はいって いるのは どの いれものですか。　（　　　　　）

❸ 2ばんめに おおく はいって いるのは どの いれものですか。　（　　　　　）

2 ひろさくらべ　どちらが ひろいですか。

あ 　　い

なんまい はって あるかな？

（　　　　　）

できるナビ　おおきさを くらべる ときは いくつぶんに なって いるかを くらべると いいね。❶は カップで なんはいぶん、❷は えが なんまいかで くらべるよ。

まとめのテスト

じかん **20** ぷん

とくてん

/100てん

おわったら
シールを
はろう

1 よくでる あ、いの どちらが ひろいですか。

1 つ30〔60てん〕

① あ  い

（　　　）

② あ  い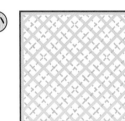

（　　　）

 かさねて みると
ひろさが わかるね。

2 よくでる みずが おおく はいる じゅんに かきましょう。

〔40てん〕

あ  ➡

い ➡

う  ➡

（　　　→　　　→　　　）

 □ かさくらべが できたかな？
□ ひろさくらべが できたかな？

20より 大きい かず [その１]

もくひょう
20より 大きい
かずの かぞえかたと
かきかたを しろう。

おわったら
シールを
はろう

きほんのワーク

きょうかしょ ❷ 100〜104ページ　こたえ 10ページ

きほん 1 20より 大きい かずを かくことが できますか。

☆ ／の かずを、すうじで かきましょう。

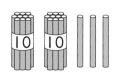

10が 2こで 〔　〕。

20と 3で にじゅうさん と いいます。

十の位	一の位
〔　〕	〔　〕

10の まとまりの かずは 十の位に、ばらの かずは 一の位に かくんだね。

1 かずを すうじで かきましょう。
きょうかしょ 101ページ 1

①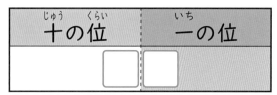

十の位	一の位
〔　〕	〔　〕

②

十の位	一の位
〔　〕	〔　〕

2 かずを すうじで かきましょう。
きょうかしょ 103ページ 1

①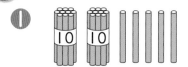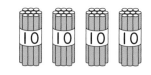
〔　〕

②
〔　〕

さんすうはかせ 1が 10こ あつまると 「10」と いう まとまりに なり、10が 10こ あつまると 「100」と いう まとまりに なるよ。

きほん2 かずの しくみが わかりますか。

⭐ 38を あらわしましょう。

① ▭▭▭▭▭▭▭▭▭▭ が 3こで ☐

▭ が 8こで ☐ 。30と 8で ☐

② 38は、十の位（じゅうくらい）が ☐ で、一の位（いち）が ☐

❸ ☐に かずを かきましょう。

📖 きょうかしょ 104ページ 2

① 10が 8こと、1が 6こで ☐

② 10が 7こで ☐

③ 94は、10を ☐ ことと 1を ☐ こ あわせた かずです。

④ 70は、10を ☐ こ あつめた かずです。

❹ ☐に かずを かきましょう。

📖 きょうかしょ 104ページ 2

① 十の位が 4、一の位が 7の かずは ☐

② 十の位が 5、一の位が 0の かずは ☐

③ 80の 十の位の すうじは ☐ 、

一の位の すうじは ☐

おうちのかたへ 十進法の考えで、数を表すことを学びます。十のまとまりをつくり、十の位として位置づけます。一の位が0になる数に注意しましょう。

71

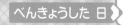

20より 大きい かず [その2]

きほんのワーク

もくひょう
100の いみと かずの ならびかたを しろう。

おわったら シールを はろう

きょうかしょ ❷ 105〜108ページ　こたえ 11ページ

きほん 1 100の かずの 大きさや いみが わかりますか。

☆ たまごの かずを かきましょう。

たいせつ

10が 10 こで、百と いいます。百は 100と かきます。

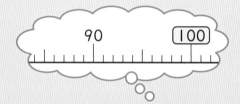
90　100

100は、99より 1 大きい かずです。

1 □に かずを かきましょう。

📖 きょうかしょ 107ページ 2

50	51		53	54	55	56	57	58	59
60	61	62	63	64	65		67	68	69
	71	72	73	74	75	76	77		79
80	81	82		84	85	86	87	88	89
90	91	92	93	94	95	96		98	99

さんすうはかせ 百より 大きな かずも あるよ。百が 10こで 千、千が 10こで 1万に なるよ。しっているかな。2年生に なったら がくしゅうするよ。

きほん2 かずの ならびかたが わかりますか。

☆ □に かずを かきましょう。

❶ 68より 4 大きい かず □

❷ 91より 5 小さい かず □

かずのせんを
見て
かんがえよう。

② □に かずを かきましょう。 📖 きょうかしょ 108ページ 3

❶ 40より 6 大きい かず □

❷ 97より 3 大きい かず □

❸ 79より 5 大きい かず □

❹ 93より 4 小さい かず □

③ □に かずを かきましょう。 📖 きょうかしょ 108ページ 2

❶ 76 □ 78 □ □ 81 □ 83

❷ 30 □ 50 60 □ □ 90 □

④ 大きい ほうに ○を つけましょう。 📖 きょうかしょ 108ページ 3

❶ 58 85 ❷ 84 81 ❸ 66 56

20より 大きい かず [その3]

きほんのワーク

きょうかしょ ❷ 109〜111ページ　こたえ 11ページ

もくひょう
100を こえる
かずの かきかたや
大きさを しろう。

おわったら
シールを
はろう

きほん 1 100より 大きな かずが かぞえられますか。

⭐ **いくつ ありますか。**

① 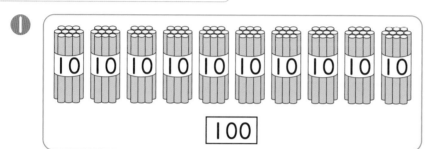 と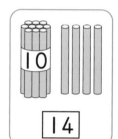

100　　14

ひゃくじゅうよん ☐

② 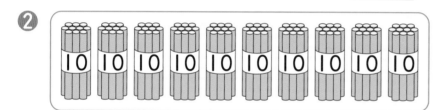 と

ひゃくにじゅう ☐

---

1 なんまい ありますか。

きょうかしょ 109ページ 1

①

☐ まい

②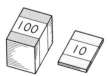

☐ まい

③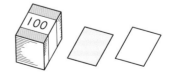

☐ まい

 しきで つかう 「＝」は イコールとも よむよ。この きごうが つかいはじめられた
ころには 2本の せんは いまより もっと ながかったんだって。

きほん2 100より 大きい かずが わかりますか。

☆ すうじで かきましょう。

❶ 100より 3 大きい かず [　　　]

❷ 100より 15 大きい かず [　　　]

❸ 118より 5 小さい かず [　　　]

下の かずの せんを 見て かんがえよう。

```
    70        80        90       100       110       120
 |||||||||||||||||||||||||||||||||||||||||||||||||||||||||
```

❷ 117は、どんな かずと いえますか。□に かずを かきましょう。

📖 きょうかしょ 111ページ❹

❶ 117は、100と [　　] を あわせた かずです。

❷ 117は、120より [　　] 小さい かずです。

❸ □に かずを かきましょう。

📖 きょうかしょ 110ページ❶

❶ | 97 | 98 | [　] | [　] | 101 | [　] |

❷ | 112 | [　] | [　] | [　] | 108 | 107 |

❹ かずの 大きい じゅんに ならべかえます。
□に かずを かきましょう。

📖 きょうかしょ 110ページ❷

| 103 | 120 | 100 | 114 | 96 |

120 → [　] → [　] → [　] → [　]

おうちのかたへ　100の意味や大きさを学んだ上で、120程度までの数を学習していきます。
100より大きい数の並び方に気づけるとよいでしょう。

75

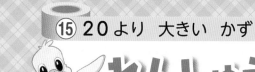

れんしゅうのワーク

べんきょうした 日 ▶ 　月　日

できた かず

/14もん 中

おわったら
シールを
はろう

きょうかしょ ❷ 100〜112ページ 　こたえ 11ページ

1 かずの ならびかた □に かずを かきましょう。

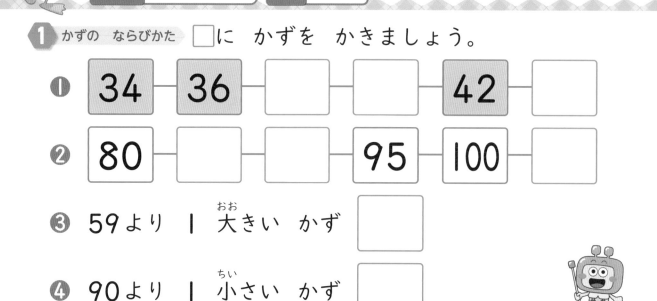

❶ | 34 | 36 | | | | 42 | |

❷ | 80 | | | | 95 | 100 | |

❸ 59より 1 大(おお)きい かず □

❹ 90より 1 小(ちい)さい かず □

2 かずの 大きさ かずの 大きい じゅんに ならべかえます。
□に かずを かきましょう。

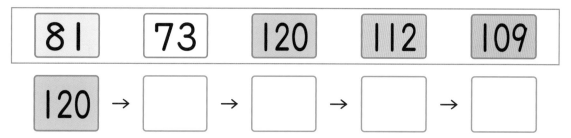

| 81 | 73 | 120 | 112 | 109 |

120 → □ → □ → □ → □

3 大きい かず 100円(えん)で、かえる ものは どれですか。

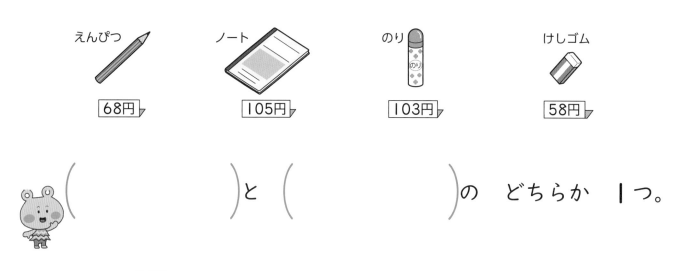

えんぴつ 68円 　ノート 105円 　のり 103円 　けしゴム 58円

(　　　　)と(　　　　)の どちらか 1つ。

できる ナビ 「59より 1 大きい かず」や「90より 1 小さい かず」は、かずのせんを
見(み)ながら かんがえると いいよ。

まとめのテスト

きょうかしょ ❷ 100〜112ページ　こたえ 11ページ

じかん **20** ぷん

とくてん

／100てん

おわったら シールを はろう

1 かずを すうじで かきましょう。　　　　1つ10〔30てん〕

①

②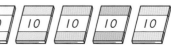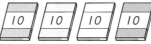

③

2 よくでる □に かずを かきましょう。　　　　1つ8〔40てん〕

① 10が 4こと、1が 9こで □

② 60は、10を □こ あつめた かずです。

③ 十の位が 9、一の位が 7の かずは □

④

100　　　　□　　110　　　□　　120

3 大きい ほうに ○を つけましょう。　　　　1つ10〔30てん〕

① 60 — 71　② 102 — 98　③ 120 — 112

（　）（　）　（　）（　）　（　）（　）

チェック✔　□大きな かずが わかったかな？
　　　　　　　□100より 大きい かずが よめたかな？

たしざんと ひきざん

きほんのワーク

もくひょう
20より 大きい
かずの たしざんと
ひきざんを しよう。

おわったら
シールを
はろう

きょうかしょ ❷ 114~119ページ　こたえ 11ページ

きほん 1 大きい かずの けいさんが できますか。

⭐ けいさんを しましょう。

❶ 40+30= ☐

10の
まとまりで
かんがえれば
いいね。

❷ 70−20= ☐

1 たしざんを しましょう。　📖 きょうかしょ 116ページ ①

❶ 50+20= ☐　　❷ 10+60= ☐

❸ 40+40= ☐　　❹ 30+70= ☐

2 ひきざんを しましょう。　📖 きょうかしょ 117ページ ②

❶ 40−20= ☐　　❷ 60−30= ☐

❸ 50−10= ☐　　❹ 80−60= ☐

❺ 90−50= ☐　　❻ 100−40= ☐

3 いろがみが 100まい あります。30まい つかうと、
のこりは なんまいですか。　📖 きょうかしょ 117ページ ③

しき

こたえ (　　　　　)

さんすうはかせ　ひとしいことを あらわす 「＝」は イギリスの レコードという ひとが つかいはじ
めたんだって。

きほん2 大きい かずの けいさんが できますか。

⭐ けいさんを しましょう。

① 24+3= ☐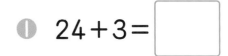

② 28−4= ☐

4 たしざんを しましょう。　📖 きょうかしょ 118ページ 4 5

① 30+8= ☐　　② 60+3= ☐

③ 80+9= ☐　　④ 70+6= ☐

⑤ 66+3= ☐　　⑥ 54+4= ☐

5 ひきざんを しましょう。　📖 きょうかしょ 119ページ 7 8

① 75−5= ☐　　② 87−7= ☐

③ 29−9= ☐　　④ 26−4= ☐

⑤ 88−2= ☐　　⑥ 55−3= ☐

6 たいいくかんに 23人 います。6人 はいって きました。みんなで なん人ですか。　📖 きょうかしょ 118ページ 3

しき

こたえ (　　　　　)

おうちのかたへ　2けたの数のたし算、ひき算を学習します。10のまとまりで計算できる（何十）±（何十）の計算を、きちんと理解することが大切です。

79

できた かず

/20もん 中

おわったら
シールを
はろう

きょうかしょ ❷ 114~119ページ　　こたえ 11ページ

1 たしざん　たしざんを しましょう。

① 50 + 30 = 　　　　　② 20 + 40 =

③ 60 + 10 = 　　　　　④ 40 + 50 =

⑤ 70 + 30 = 　　　　　⑥ 10 + 90 =

⑦ 30 + 7 = 　　　　　⑧ 80 + 3 =

⑨ 53 + 6 = 　　　　　⑩ 46 + 2 =

2 ひきざん　ひきざんを しましょう。

① 60 − 40 = 　　　　　② 50 − 30 =

③ 100 − 30 = 　　　　　④ 90 − 70 =

⑤ 26 − 6 = 　　　　　⑥ 58 − 8 =

⑦ 79 − 7 = 　　　　　⑧ 47 − 3 =

⑨ 65 − 4 = 　　　　　⑩ 88 − 6 =

できる ナビ　けいさんは なんかいも くりかえし れんしゅうしよう。
まちがえた ところは 見なおしも しようね。

まとめのテスト

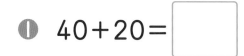

きょうかしょ ❷ 114〜119ページ　こたえ 11ページ

じかん **20** ぷん

とくてん

　/100てん

おわったら
シールを
はろう

1 けいさんを しましょう。

1つ5〔60てん〕

① 40+20=☐　② 10+70=☐

③ 60−30=☐　④ 100−40=☐

⑤ 50+6=☐　⑥ 80+2=☐

⑦ 74+3=☐　⑧ 23+5=☐

⑨ 86−6=☐　⑩ 65−5=☐

⑪ 45−2=☐　⑫ 89−7=☐

2 こうていに 30人 います。6人 きました。
みんなで なん人ですか。

1つ10〔20てん〕

しき

こたえ（　　　　　）

3 りんごが 24こ ありました。2こ たべました。
のこりは なんこですか。

1つ10〔20てん〕

しき

こたえ（　　　　　）

ふろくの 「計算れんしゅうノート」24・25ページを やろう！

 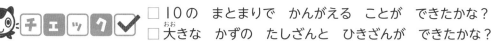
□ 10の まとまりで かんがえる ことが できたかな？
□ 大きな かずの たしざんと ひきざんが できたかな？

もくひょう

とけいの よみかた
（なんじ なんぷん）を
しろう。

おわったら
シールを
はろう

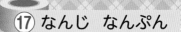

なんじ なんぷん

きほんのワーク

きょうかしょ ❷ 120〜122ページ　　こたえ 12ページ

きほん 1　とけいの よみかたが わかりますか。①

⭐ なんじ なんぷんですか。

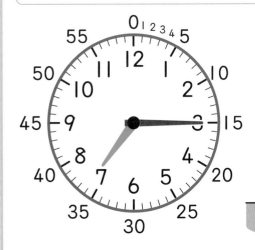

みじかい はりが
・7と 8の あいだ → 7じ
・ながい はりが 3 → 15ふん

[　　] じ　[　　] ふん

みじかい はりで なんじ、
ながい はりで
なんぷんを よむんだね。

---

1 なんじ なんぷんですか。

きょうかしょ 120ページ 1

①

みじかい はりが
3と 4の あいだ
だから…。

（　　　　　　　　）

②

ながい はりの
2は 10ぷん
だから…。

（　　　　　　　　）

③

（　　　　　　　　）

④

（　　　　　　　　）

 さんすうはかせ　1じかんは 60ぷん、1ぷんは 60びょう。
びょうと ふん、じかんは 60ごとに いいかたが かわって いるね。

⭐ 下の とけいを よみましょう。

7じ [   ]ぷん ➡ 7じ59ふん ➡ [   ]じ ➡ 8じ [   ]ぷん

ながい はりの
1めもりは 1ぷんだよ。

みじかい はりは
どこを さして
いるかな。

2 ——で むすびましょう。

📖 きょうかしょ 121ページ 2 3

3じ45ふん   4じ50ぷん   7じ18ぷん   10じ45ふん

3 なんじ なんぷんですか。

📖 きょうかしょ 121ページ 2 3

① 11じ5ふん
かな？

( )

② 6じ55ふん
かな？

( )

おうちのかたへ
時刻を何時何分まで読めるようにします。時計を正確に読めないお子さんが多いので、日頃
から時計を見ることを習慣づけるようにしましょう。

れんしゅうのワーク

できた かず

/9もん 中

おわったら
シールを
はろう

きょうかしょ ❷ 120～122ページ　　こたえ 12ページ

1 とけいの よみかた　なんじ なんぷんですか。

❶　　　　　　　❷　　　　　　　❸

(　　　　　　)(　　　　　　)(　　　　　　)

2 ながい はり　ながい はりを かきましょう。

❶ １じ45ふん　　❷ ９じ20ぷん　　❸ ６じ３ぷん

3 なんじ なんぷん　おはなしと とけいを ── で むすびましょう。

❶ ７じ15ふんに あさごはんを たべはじめました。	❷ ６じ15ふんに おきました。	❸ ９じ15ふんに ねました。

・　　　　　　　　・　　　　　　　　・

・　　　　　　　　・　　　　　　　・　　　　　　　・

できる ナビ　はりの ある とけいの ほかに、デジタルの とけいも あるよ。いろいろな とけいを よめるように なろう。

まとめのテスト

じかん **20** ぷん

とくてん　　　／100てん

おわったら シールを はろう

きょうかしょ ❷ 120～122ページ　　こたえ 12ページ

1 下の とけいを よみましょう。

1つ10〔40てん〕

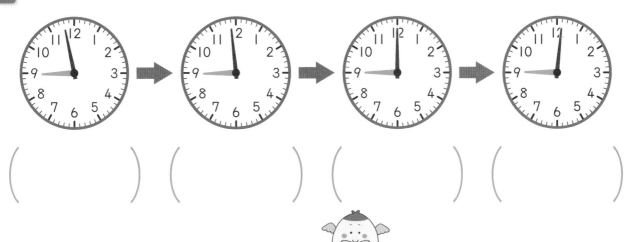

（　　　　）（　　　　）（　　　　）（　　　　）

2 よくでる なんじ なんぷんですか。

1つ10〔60てん〕

（　　　　）（　　　　）（　　　　）（　　　　）（　　　　）（　　　　）

ふろくの「計算れんしゅうノート」27ページを やろう！

 チェック ✓
- □ ながい はりで なんぷんか よめるように なったかな？
- □ なんじ なんぷんを よむ ことが できたかな？

ずを つかって かんがえよう [その1]

きほんのワーク

もくひょう
もんだいを ずに
あらわして
かんがえて みよう。

おわったら
シールを
はろう

きょうかしょ ② 123〜126ページ　　こたえ 12ページ

きほん **1** なん人 いるか わかりますか。

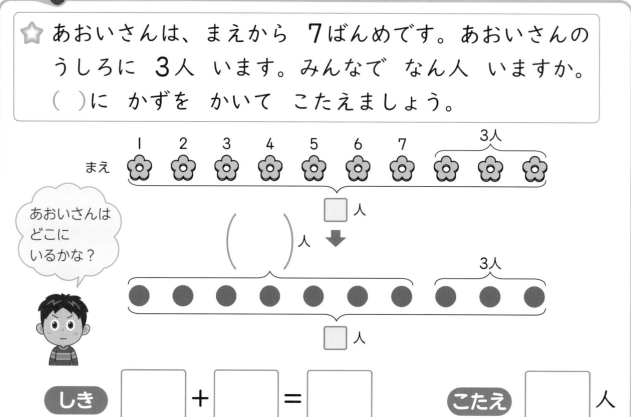

☆ あおいさんは、まえから 7ばんめです。あおいさんの
うしろに 3人 います。みんなで なん人 いますか。
（ ）に かずを かいて こたえましょう。

あおいさんは
どこに
いるかな？

しき [　] + [　] = [　]　　こたえ [　] 人

1 バスていに 12人 ならんで います。はるとさんは、
まえから 4ばんめです。はるとさんの うしろには、
なん人 いますか。

きょうかしょ 124ページ②

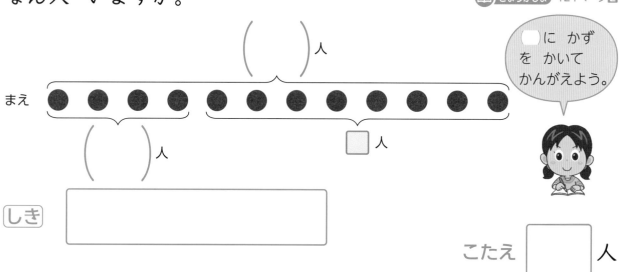

□に かず
を かいて
かんがえよう。

しき [　]　　こたえ [　] 人

さんすうはかせ 文しょうだいを とくときは、ずに かいて かんがえよう。**1**の もんだいみたいに
●を つかって あらわすと わかりやすいね。

きほん 2 ずに かいて かんがえる ことが できますか。

☆ 5人が 1こずつ ボールを もって います。
ボールは あと 2こ あります。
ボールは、ぜんぶで なんこ ありますか。

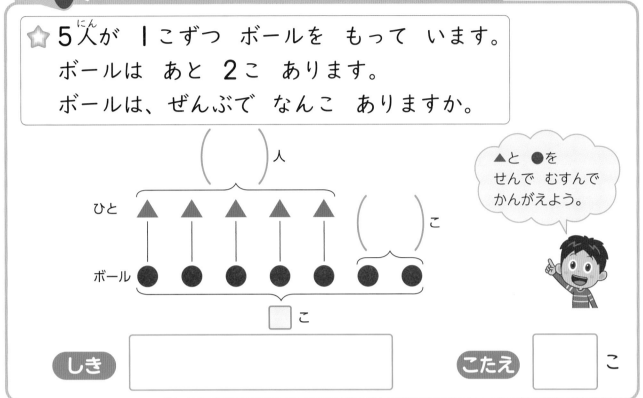

▲と ●を
せんで むすんで
かんがえよう。

ひと ▲ ▲ ▲ ▲ ▲ ( ) こ
ボール ● ● ● ● ● ● ●

( ) 人

□こ

しき

こたえ □ こ

2 プリンが 9こ あります。6人が
1こずつ たべると、プリンは
なんこ のこりますか。

📖 きょうかしょ 126ページ 4

( ) こ

プリン ▲ ▲ ▲ ▲ ▲ ▲ ▲ ▲ ▲

□こ

ひと ● ● ● ● ● ●

( ) 人

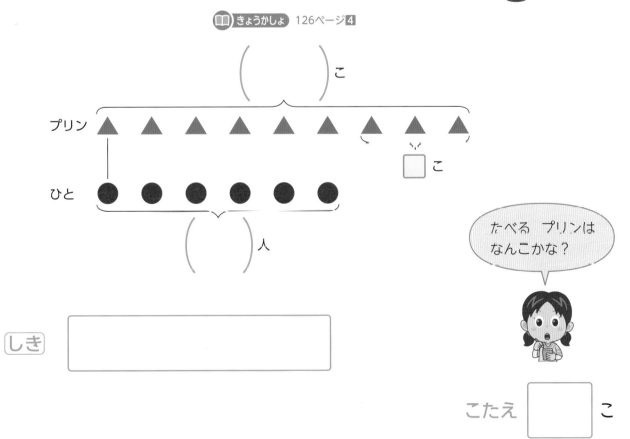

たべる プリンは
なんこかな?

しき

こたえ □ こ

おうちのかたへ　文章題を図に整理して考える学習をします。ちょっと難しそうな問題も、図にかくと理解し
やすくなるので、どんどん図にかいてみましょう。

87

ずを つかって かんがえよう [その2]

もくひょう
おおい ほうや
すくない ほうの
かずを かんがえよう。

おわったら
シールを
はろう

きょうかしょ ❷ 127〜131ページ　こたえ 12ページ

きほん **1** かずの ちがいを ずに かくことが できますか。

☆ プリンを 7こ かいました。ゼリーは、プリンより
5こ おおく かいました。ゼリーは なんこ
かいましたか。

プリン

（　　　）こ

● ● ● ● ● ● ●

ゼリー

● ● ● ● ● ● ● ● ● ● ● ●

（　　　）こ おおい

□ こ

しき ⬚　　　　　　　　　　　こたえ ⬚ こ

1 みかんを 12こ かいました。りんごは、みかんより 4こ
すくなく かいました。りんごは なんこ かいましたか。

📖 きょうかしょ 130ページ ⑥

（　　　）こ

● ● ● ● ● ● ● ● ● ● ● ●

● ● ● ● ● ● ● ● ○ ○ ○ ○

□ こ　　　　　　　　　（　　　）こ すくない

しき ⬚　　　　　　　　　　　こたえ ⬚ こ

さんすうはかせ　さいころには 1から 6までの しるしが ある。1の はんたいがわは 6、
2の はんたいがわは 5、3の はんたいがわは 4に なって いるよ。

まとめのテスト

じかん **20** ぷん

とくてん 　 /100てん

おわったら シールを はろう

1 赤い はなが 6本 あります。きいろい はなは、赤い はなより 5本 おおいです。きいろい はなは なん本 ありますか。

1つ8〔32てん〕

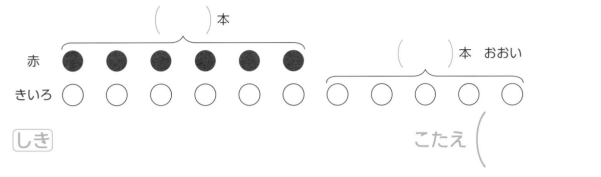

しき 　　　　　　　　　　　　　　こたえ (　　　　　)

2 5人が けんばんハーモニカを ふいて います。 けんばんハーモニカは、あと 4こ あります。 けんばんハーモニカは、ぜんぶで なんこ ありますか。

1つ8〔32てん〕

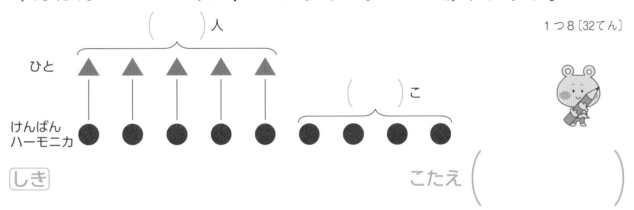

しき 　　　　　　　　　　　　　　こたえ (　　　　　)

3 よくでる こうていで 子どもが 15人 ならんで います。 ひなさんは、まえから 8ばんめです。ひなさんの うしろには、なん人 いますか。

1つ9〔36てん〕

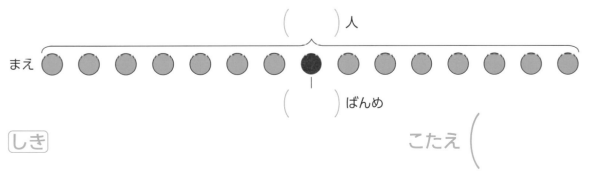

しき 　　　　　　　　　　　　　　こたえ (　　　　　)

 □ もんだいを ずに あらわして かんがえる ことが できたかな？
□ かずの ちがいや ならびかたを かんがえる ことが できたかな？

かたちづくり

きほんのワーク

もくひょう
かたちづくりの
おもしろさを
しろう。

おわったら
シールを
はろう

きょうかしょ ❷ 132～135ページ　　こたえ 13ページ

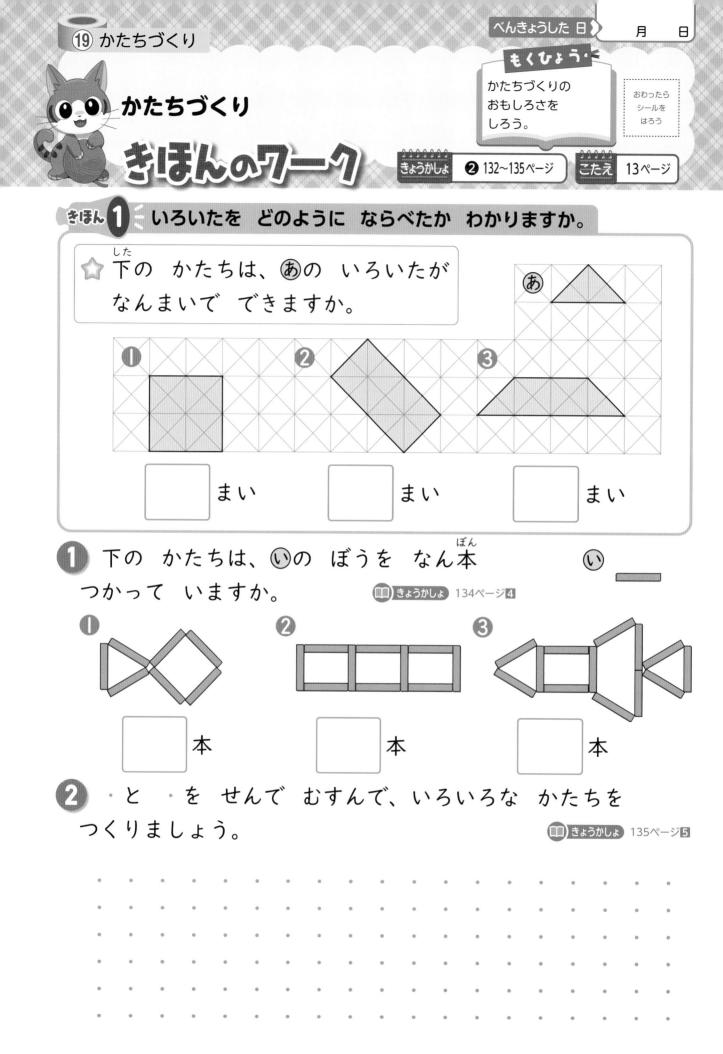

きほん **1** いろいたを どのように ならべたか わかりますか。

☆ 下の かたちは、⑱の いろいたが なんまいで できますか。

⑱

①　② 　③

☐ まい　　☐ まい　　☐ まい

1 下の かたちは、⑪の ぼうを なん本 つかって いますか。

⑪ ▬

📖 きょうかしょ 134ページ 4

①　②　③

☐ 本　　☐ 本　　☐ 本

2 ・と ・を せんで むすんで、いろいろな かたちを つくりましょう。

📖 きょうかしょ 135ページ 5

さんすうはかせ　色板や棒を使って、形づくりをします。何枚の色板でできているか考えたり、点をつないで
形を作ったりすることで、図形に対する興味、関心を養います。

まとめのテスト

じかん **20** ぷん

とくてん
/100てん

おわったら
シールを
はろう

1 よくでる 下の かたちは、あの いろいたが なんまいで

できますか。

1つ10〔60てん〕

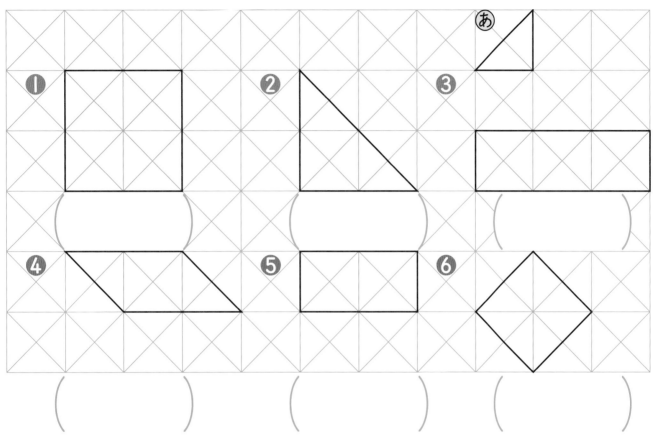

2 ・と ・を せんで むすんで、かたちづくりを します。
すきな かたちを 1つ つくり、なまえも
かんがえましょう。

〔40てん〕

あなたの
つくった
かたちの
なまえは？

☐ いろいたを ならべて かたちづくりが できたかな？
☐ ・と ・を むすんで かたちが つくれたかな？

おなじ かずずつ わけよう

きほんのワーク

きょうかしょ ❷ 136〜137ページ　こたえ 13ページ

もくひょう おなじ かずずつ わけて みよう。

おわったら シールを はろう

きほん ① わけかたが わかりますか。

☆ ケーキが 8こ あります。

❶ ひとりに 2こずつ わけると、なん人に わけられますか。

（🍰を ぬりましょう。）

☐ 人

❷ ひとりに 4こずつ わけると、なん人に わけられますか。

☐ 人

1 プリンが 12こ あります。

きょうかしょ 137ページ❷ ②

❶ 2人で おなじ かずずつ わけると、ひとりぶんは なんこに なりますか。

☐ こ

❷ 3人で おなじ かずずつ わけると、ひとりぶんは なんこに なりますか。

☐ こ

おうちのかたへ かけ算、わり算のもとになる学習です。理解しづらいときには、ブロックなどを使って理解を促します。

まとめのテスト

きょうかしょ ❷ 136〜137ページ　こたえ 13ページ

じかん 20 ぷん

とくてん

／100てん

おわったら
シールを
はろう

1 いちごが 16こ あります。ひとりに 4こずつ わけると、
なん人に わけられますか。　　　　　　　　　　　〔25てん〕

人

2 ケーキが 10こ あります。2人で おなじ かずずつ
わけましょう。　　　　　　　　　　　　　　1つ25〔50てん〕

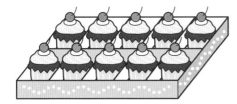

ひとりぶんは
なんこに
なるかな?

❶ おさらに ○を かいて わけましょう。

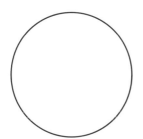 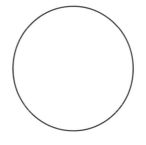

❷ ひとりぶんは なんこに なりますか。

こ

3 クッキーが 10まい あります。ひとりに 2まいずつ
わけると、なん人に わけられますか。　　　　　　〔25てん〕

人

 □ ずを みて かんがえる ことが できたかな?
□ おなじ かずずつ わける ことが できたかな?

まとめのテスト❶

じかん **20** ぷん

とくてん /100てん

おわったら シールを はろう

きょうかしょ ❷ 141〜142ページ こたえ 14ページ

---

1 よくでる □に かずを かきましょう。 ❶〜❸ 1つ10〔30てん〕

❶ 10が 3こと、1が 8こで □ です。

❷ 67は、□ を 6こと、□ を 7こ あわせた かずです。

❸ 十の位が 4、一の位が 5の かずは □ です。

---

2 □に かずを かきましょう。 ❶・❷ 1つ10〔20てん〕

❶ 76 ― 77 ― □ ― 79 ― □ ― □

❷ 115 ― □ ― 117 ― 118 ― □ ― 120

---

3 けいさんを しましょう。 1つ5〔50てん〕

❶ 6+3= □

❷ 8+7= □

❸ 7−4= □

❹ 17−9= □

❺ 2+8+3= □

❻ 10−5+2= □

❼ 50+40= □

❽ 61+6= □

❾ 100−80= □

❿ 78−4= □

チェック ✔ □ かずの 大きさが わかったかな？
□ たしざんや ひきざん、3つの かずの けいさんが できたかな？

まとめのテスト❷

きょうかしょ ❷ 142～144ページ　　こたえ 14ページ

じかん **20** ぷん

とくてん

/100てん

おわったら
シールを
はろう

1 どちらが ながいですか。　　　　　　　　　　　〔20てん〕

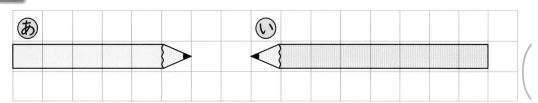

あ　　　　　　　　　　　い

（　　　　　）

2 よくでる なんじ なんぷんですか。　　　　1つ10〔30てん〕

① ② ③

（　　　　）　（　　　　）　（　　　　）

3 プリンが 6こ、シュークリームが 9こ あります。
どちらが どれだけ おおいですか。　　　しき15・こたえ10〔25てん〕

しき

こたえ（　　　　　　　　　）

4 子どもが 14人、1れつに ならんで います。
さとしさんの まえに 8人 います。さとしさんの うしろには、
なん人 いますか。　　　　　　　　　　　しき15・こたえ10〔25てん〕

しき

こたえ（　　　　　　　　　）

ふろくの「計算れんしゅうノート」28・29ページを やろう！

□ ながさを くらべたり、とけいを よむ ことが できたかな？
□ もんだいを よんで しきを かいて こたえる ことが できたかな？

95

うごきを わけよう！

まなびのワーク

きほん 1　わけかたが わかりますか。

⭐ コップに ジュースを そそぐ ときの うごきを 「小さい うごき」に わけて みましょう。

うすい もじを なぞってみよう。

1. コップを よういする。

2. ジュースを れいぞうこから だす。

3. ジュースの ふたを あける。

4. コップに ジュースの 口を ちかづける。

5. コップに ジュースを そそぐ。

6. ジュースの ふたを しめる。

1 手を あらう ときの うごきを「小さい うごき」に わけて みましょう。

きょうかしょ 140ページ

うすい もじを なぞってみよう。

1. 水で ぬらす。

2. せっけんを 手に とる。

3. あわだてて あらう。

4. 水で ながす。

5. 手を ふく。

おうちのかたへ　ジュースを注いだり、手を洗ったりする日常の動作を「小さい動き」に分けて表現します。服を着替えたり食事をしたりというような別の動作についても考えてみましょう。

●べんきょうした日　月　日

なまえ

とくてん　　　/100てん

おわったら
シールを
はろう

きょうかしょ　❶8〜❷35ページ　こたえ　15ページ

じかん
30ぷん

夏休みのテスト ①

全てい
はんていテスト

---

1 えを みて、かずを かきましょう。　1つ5[10てん]

---

2 □に かずを かきましょう。　□1つ5[20てん]

①

□ □ ぼん

---

4 ○で かこみましょう。　1つ5[10てん]

① まえから 3にん

まえ

② まえから 3ばんめ

まえ

---

5 □に かずを かきましょう。　1つ5[40てん]

①

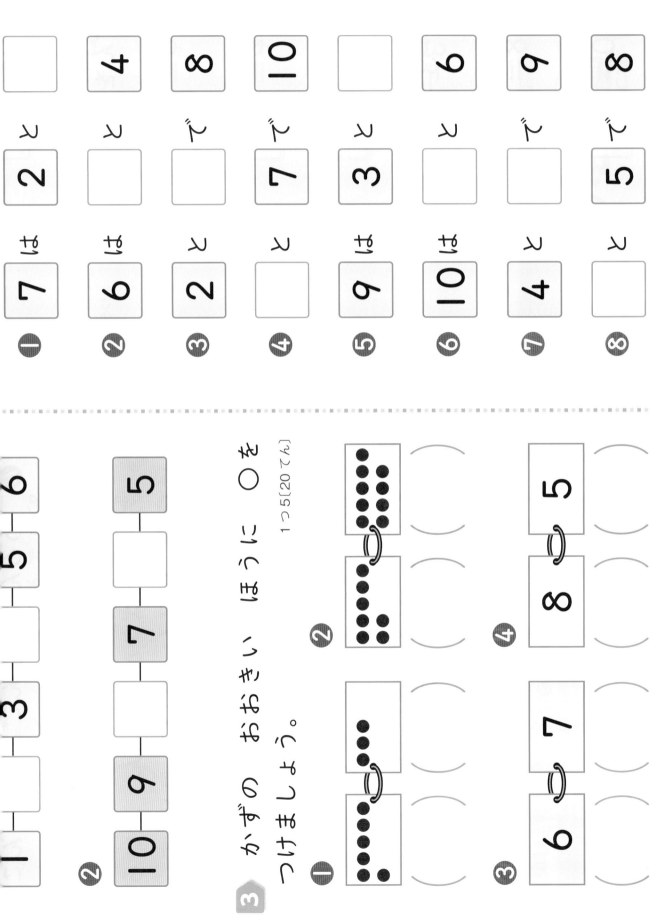

3 かずの おおきい ほうに ○を つけましょう。
1つ5[20てん]

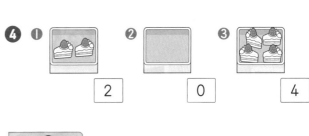

| 2 | 0 | 4 |

てびき 具体的なものの数を数字で表していく問題です。声に出して数え、7つあるから「7」とうまく数字で表せているかどうかを確認しておきましょう。

❷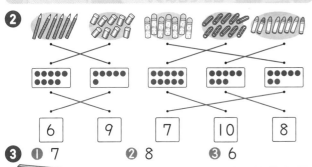

| 6 | 9 | 7 | 10 | 8 |

❸ ❶ 7 　　❷ 8 　　❸ 6

てびき 数字の書き方をしっかり身につけましょう。筆圧の弱いお子さんが多い時期ですので、色ぬりや大きく字を書くことで、筆圧を高めておきましょう。お絵描きも効果的です。

6・7ページ きほんのワーク

きほん❶ -2-3-4-5-6-7-
-1-2-3-4-5-6-

❶ ❶
- ●●●●● (○)
- ●●● ( )

❷
- ●●●●● ( )
- 4 ( )

❸
- ●●●●● ●●● (○)
- 7 ( )

❹
- 5 ( )
- 9 (○)

きほん❷

| 3 | 2 | 1 | 0 |

れい ⓪ ⓪ ⓪

☞ たしかめよう!

0の かきじゅんは、ひだりからです。

❷ ❶ 3 ❷ 1 ❸ 0 ❹ 2

❸ 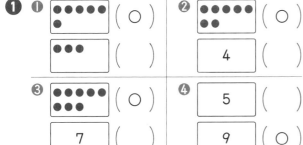 ❶ 3 ❷ 2 ❸ 1 ❹ 0

8ページ れんしゅうのワーク

❶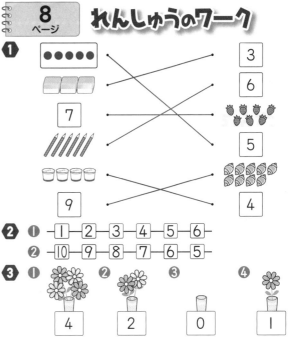

3 / 6 / 5 / 4

❷ ❶ -1-2-3-4-5-6-
❷ -10-9-8-7-6-5-

❸ ❶ 4 ❷ 2 ❸ 0 ❹ 1

9ページ まとめのテスト

1 くま 1 　うさぎ 4 　ねこ 7

2 ❶ ●●●●● ○ / ●●●● ☐ 　❷ 10 ○ / 6 ☐

3 -5-6-7-8-9-10-

4

| 2 | 1 | 0 |

---

② なんばんめ

10・11ページ きほんのワーク

きほん❶ ❶ まえから 4 にん

❷ まえから 4 ばんめ

❸ うしろから 5 ばんめ

2

❶ ❶ まえから 3 だい
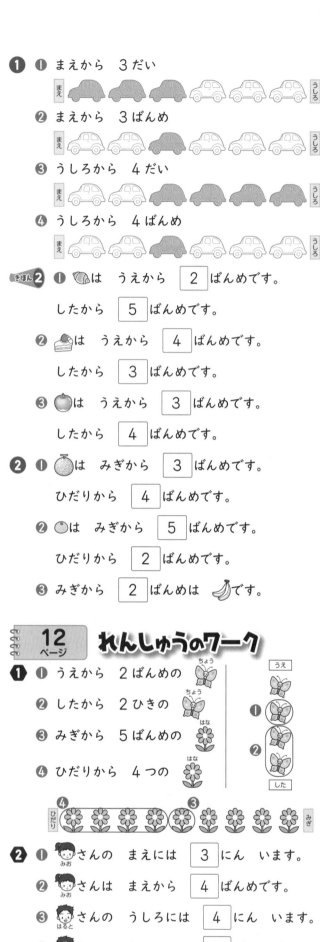
❷ まえから 3 ばんめ

❸ うしろから 4 だい

❹ うしろから 4 ばんめ

きほん2 ❶ (クロワッサン)は うえから [2] ばんめです。
したから [5] ばんめです。
❷ (ケーキ)は うえから [4] ばんめです。
したから [3] ばんめです。
❸ (りんご)は うえから [3] ばんめです。
したから [4] ばんめです。

❷ ❶ (みかん)は みぎから [3] ばんめです。
ひだりから [4] ばんめです。
❷ (○)は みぎから [5] ばんめです。
ひだりから [2] ばんめです。
❸ みぎから [2] ばんめは (バナナ)です。

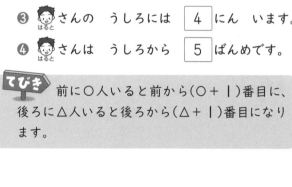

12 ページ れんしゅうのワーク
❶ ❶ うえから 2 ばんめの ちょう
❷ したから 2 ひきの ちょう
❸ みぎから 5 ばんめの はな
❹ ひだりから 4 つの はな

❷ ❶ (みお)さんの まえには [3] にん います。
❷ (みお)さんは まえから [4] ばんめです。
❸ (はると)さんの うしろには [4] にん います。
❹ (はると)さんは うしろから [5] ばんめです。

てびき 前に○人いると前から(○+1)番目に、後ろに△人いると後ろから(△+1)番目になります。

13 ページ まとめのテスト
1 ❶ けんとさんは まえから [3] ばんめです。
❷ れなさんは うしろから [5] ばんめです。
2
3
4 ❶ ぼうしは うえから [4] ばんめです。
❷ かさは したから [2] ばんめです。

③ いくつと いくつ
14・15 ページ きほんのワーク

きほん1 ❶ ❶ (ball)
❷ (balls)
❸ (balls)
❹ (balls)

1	と	4
2	と	3
3	と	2
4	と	1

❶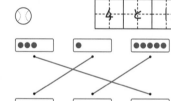

❷ ❶ 5は 2と [3]   ❷ 6は 4と [2]
❸ 5は 1と [4]   ❹ 6は [3]と 3

きほん2
1	2	3	4	5	6
6	5	4	3	2	1

❸ ❶ 8 → 3 5   ❷ 8 → 6 2   ❸ 8 → 5 3   ❹ 8 → 1 7
❺ 8 → 7 1   ❻ 8 → 2 6   ❼ 8 → 4 4

❹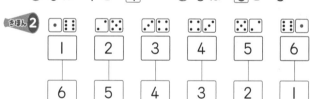

てびき 1～10の数の合成・分解をしっかり理解しているかどうか確かめておきましょう。

16ページ きほんのワーク

① ●●●○○ と ●●●●●
② ●●●●○ と ●●●○○

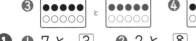
③ ●●●●● と ●●●●○
④ ●●●●○ と ●●●●●

① ● 7と ③　② 2と ⑧　③ 4と ⑥
④ 1と ⑨　⑤ 5と ⑤　⑥ 8と ②
⑦ 6と ④　⑧ 9と 1　⑨ 3と ⑦

② ①　2
② 7
③ 6

17ページ まとめのテスト

1 ① 7は 2と ⑤　② 8は 3と ⑤
③ 6は 4と ②　④ 9は 5と ④

2 ① 10　② 10　③ 10
4 6　9 1　7 3

3 ① 4 りょう
② 5 りょう
③ 8 りょう

④ あわせて いくつ ふえると いくつ

18・19ページ きほんのワーク

きほん1 ① あわせて ⑤こ　② あわせて ④ひき
① ① あわせて ③ぼん　② あわせて ⑤ほん
③ あわせて ⑤ひき　④ あわせて ④わ
きほん2 しき 4＋1＝5　　こたえ ⑤こ
＋＝
② ① しき 3＋2＝5　　こたえ ⑤わ
② しき 2＋2＝4　　こたえ ④ほん
③ ① しき 2＋3＝5　　こたえ ⑤ひき
② しき 1＋3＝4　　こたえ ④ひき

20・21ページ きほんのワーク

きほん1 ① ① 1ぴき いれると ③びき
② 3わ ふえると ④わ
① ① 1こ もらうと ④こ
② 3わ ふえると ⑦わ
③ 3こ もらうと ⑥こ
④ 2ひき ふえると ⑧ひき
きほん2 しき 4＋3＝7　　こたえ ⑦だい

② ① しき 4＋5＝9　　こたえ ⑨ひき
② しき 7＋3＝10　　こたえ ⑩こ
③ ① 5＋2＝⑦　② 4＋1＝⑤
③ 4＋2＝⑥　④ 2＋8＝⑩
④ ① 2＋7　⑨　② 3＋2　⑤
③ 5＋1　⑥　④ 5＋3　⑧

22ページ きほんのワーク

きほん1 ① 1＋2＝③　② 3＋0＝③
①
0＋2＝ 2
② ① 2＋0　② 0＋1

てびき 0にある数をたすと、ある数になること、ある数に0をたしても数はかわらないことを、理解します。0のたし算の意味をうまくつかめないお子さんが多いので、0の想像しやすい玉入れの場面を設定しています。

23ページ まとめのテスト

1 ① 3＋4＝⑦　② 1＋8＝⑨
③ 4＋2＝⑥　④ 6＋4＝⑩
⑤ 5＋5＝⑩　⑥ 0＋0＝⓪

2 〔れい〕 えんぴつが 6ぽん ありました。あとから 3ぼん もらいました。えんぴつは ぜんぶで 9ほんに なりました。

3 しき 4＋3＝7　　こたえ ⑦こ
4 しき 7＋2＝9　　こたえ ⑨だい

⑤ のこりは いくつ ちがいは いくつ

24・25ページ きほんのワーク

きほん1 ① のこりは ④こ　② のこりは ③ぼん
① ① 3にん かえると ③にん
② 2こ たべると ⑤こ
③ 4まい つかうと ④まい
④ 3わ とんで いくと ②わ

てびき ひき算のお話を読んで、場面を理解することが大切です。式に表す前に、場面をイメージできているかどうかを確かめます。

きほん2 しき 5−1=4　　　　　こたえ 4 だい
ー

② しき 6−2=4　　　　　こたえ 4 ひき
③ しき 8−5=3　　　　　こたえ 3 こ
④ 5−4 6−3 7−2 4−1

26・27ページ きほんのワーク

きほん1 1まい だすと 4−1=3
2まい だすと 4−2=2
4まい だすと 4−4=0
1まいも だせないと 4−0=4

たしかめよう!

1まいも だせないと、てもちの かずは
4まいの ままです。「1まいも だせない」のは、
いいかえると、「0まい だす」という ことに
なります。4まいから 0まい だしても、4まいの
ままです。

① ① 1こ たべると 3−1=2
② 3こ たべると 3−3=0
③ 1こも たべないと 3−0=3
② ① 6−6=0　　　② 7−0=7
③ 0−0=0

きほん2 しき 7−3=4　　　　　こたえ 4 ひき
　　　　　うさぎ ねこ ちがい

③ しき 6−4=2　　　　　こたえ 2 こ
④ しき 8−5=3
　　　　こたえ くろい いぬが 3 びき おおい。

28ページ きほんのワーク

きほん1 しき 8−5=3　　　　　こたえ 3 こ
① ① しき 7−4=3　　　　　こたえ 3 だい
② しき 10−6=4　　　　こたえ 4 こ
② 〔れい〕 あかい はなが 4つ、あおい はなが
3つ さいて います。あかい はなが
1つ おおいです。

29ページ まとめのテスト

1 ① 3−1=2　　　② 7−4=3
③ 6−2=4　　　④ 9−7=2
⑤ 4−3=1　　　⑥ 5−4=1
⑦ 8−8=0　　　⑧ 10−3=7
⑨ 5−0=5　　　⑩ 10−8=2

2 6−2 9−4 7−3 10−7

3 しき 8−3=5　　　　　こたえ 5 こ
4 しき 6−4=2　　　　　こたえ 2 ひき

⑥ かずを せいりしよう

30ページ きほんのワーク

てびき 2年生で学
習する表とグラフの
単元につながる内容
です。バラバラなも
のをグラフなどに
整理してみると、数
を比べやすくなり
ます。

① ① もく(ようび)
② か(ようび)
③ げつ(ようびと)すい(ようび)

31ページ まとめのテスト

1 ①

② 3(ぼん)
③ りんご
④ めろん
⑤ ばなな(が)
1(つ おおい。)

⑦ 10より おおきい かず

32・33ページ きほんのワーク

きほん1 略
① ① 13　　　② 15　　　③ 20

てびき ②10このいちごと、5こで15こ。10
こを◯で囲むと数えやすくなります。

きほん2 ① 10と 3で 13 ② 10と 6で 16
② ① 16こ　② 15ほん　③ 20こ
③ ① 10と 5で 15 ② 10と 7で 17
③ 10と 2で 12 ④ 10と 9で 19
⑤ 16は 10と 6 ⑥ 20は 10と 10

34・35ページ きほんのワーク

きほん1 ①
14 15 16 17 18 19 20

② 15 14 13 12 11 10 9

❶ ① 11—12—13—14—15—16—17
② 14—15—16—17—18—19—20
③ 17—16—15—14—13—12—11
④ 5—10—15—20
⑤ 8—10—12—14—16—18—20

きほん2 ① 10より 3 おおきい かずは 13
② 20より 4 ちいさい かずは 16

❷
0 1 2 3 4 5 6 7 8 9 10 11 12 13 14 15 16 17 18 19 20

① 🐰 13 ② 🐢 18

❸ ① 9⟨13 ② 15⟩13
③ 17⟩14 ④ 18⟨20
⑤ 10⟨13 ⑥ 16⟩14

36・37ページ きほんのワーク

きほん1 ① 10と 4で 14です。
② 10に 4を たした かず
10+4=14
③ 14から 4を ひいた かず
14-4=10

❶ ① 10+3=13 ② 15-5=10
❷ ① 10+2=12 ② 10+8=18
③ 10+1=11 ④ 17-7=10
⑤ 16-6=10 ⑥ 13-3=10

きほん2 ① 13+2=15 ② 15-2=13
❸ ① 14+2=16 ② 16-4=12
❹ ① 13+4=17 ② 12+4=16
③ 12+6=18 ④ 14+5=19
⑤ 18-3=15 ⑥ 17-4=13
⑦ 16-2=14 ⑧ 19-3=16

38ページ れんしゅうのワーク

❶ ① 10—11—12—13—14
② 16—17—18—19—20
③ 12—14—16—18—20
❷ ① いちばん おおきい かずは 20の かあど
② いちばん ちいさい かずは 11の かあど
❸ ① 15より 4 おおきい かずは 19
② 17より 3 ちいさい かずは 14

39ページ まとめのテスト

1 ① 14こ ② 12こ ③ 15ほん
2 ① 16—17—18—19—20
② 15—14—13—12—11
③ 3 12 18
0   5   10   15   20
3 ① 13⟨15 ② 20⟩14
4 ① 10+3=13 ② 14+5=19
③ 17-7=10 ④ 19-4=15

⑧ なんじ なんじはん

40ページ きほんのワーク

きほん1 あ 8じ い 2じはん
❶ ① 3じ ② 3じはん ③ 4じ
❷ ①   ②

たしかめよう！
「なんじ」は ながい はりが 12を さします。
「なんじはん」は ながい はりが 6を さします。

てびき 置時計などを使い、実際に針を動かして時刻を合わせてみると、理解が進みます。

41ページ まとめのテスト

1 ① 4じはん ② 9じ
③ 11じ ④ 6じはん
2 ① ②
3 あ

6

⑨ どちらが ながい

42・43 ページ きほんのワーク

きほん1 ❶ いちばん ながい もの (え)

❷ いちばん みじかい もの (い)

1 (い)

2 ❶ (い) ❷ (あ)

きほん2 (あ)

3 ❶ (あ) ❷ (い)

4 ❶ (い) ❷ (え)

44 ページ きほんのワーク

きほん1 (あ)

1 (い)

2 ❶ (あ)[9]つぶん (い)[5]つぶん

(う)[2]つぶん (え)[3]つぶん

(お)[8]つぶん

❷ [(あ)]が ますの [4]つぶん ながい。

45 ページ まとめのテスト

1 ❶ (う) ❷ (え)

2 ❶ たて ❷ よこ

3 (う) → (あ) → (い)

⑩ ふえたり へったり

46・47 ページ きほんのワーク

きほん1 しき 3+[2]+[1]=[6] こたえ [6]わ

1 しき 2+[1]+[4]=[7] こたえ [7]ひき

2 ❶ 3+4+1=[8] ❷ 4+2+1=[7]

❸ 9+1+2=[12] ❹ 4+6+3=[13]

たしかめよう!

❶ 3+4の こたえの 7に、1を たして 8と かんがえます。3つの かずの けいさんも じゅんばんに けいさんすれば できますね。

きほん2 しき 7−[2]−[1]=[4] こたえ [4]ひき

3 しき 8−[3]−[2]=[3] こたえ [3]わ

4 ❶ 7−3−1=[3]

❷ 10−5−3=[2]

❸ 13−3−4=[6]

❹ 17−7−6=[4]

48 ページ きほんのワーク

きほん1 しき 4−[2]+[3]=[5] こたえ [5]ひき

てびき たし算とひき算が混ざった計算も、順序立てて考えれば解けることを実感しましょう。理解の難しいお子さんには、ブロックなどを使って理解を促します。

1 しき 5+[2]−[3]=[4] こたえ [4]こ

2 ❶ 6+2−5=[3] ❷ 3+7−2=[8]

❸ 7−3+4=[8] ❹ 10−4+3=[9]

てびき 式を見て、どんな場面か、お話を作ってみると、理解が深まります。

49 ページ まとめのテスト

1 しき [3+1−2=2] こたえ [2]ひき

2 しき [10−2−3=5] こたえ [5]こ

3 ❶ 3+2+4=[9]

❷ 8+2+7=[17]

❸ 9−3−2=[4]

❹ 16−6−3=[7]

❺ 1+9−6=[4]

❻ 10−7+5=[8]

⑪ たしざん

50・51 ページ きほんのワーク

きほん1 ❶ 9は あと [1] で 10。

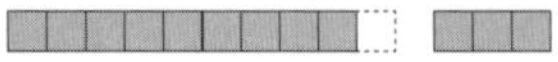

❷ 3を 1と [2] に わける。

❸ 9に 1を たして [10]。

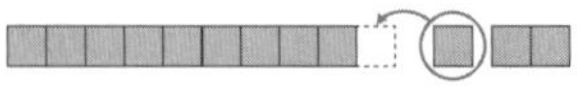

❹ 10と 2で [12]。

9+3=12（⑩ ① ②）

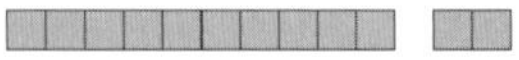

1 ❶ 9+5=[14]（⑩ ① ④） ・9に (1)を たして 10。 10と (4)で 14。

❷ 9+2=[11]（⑩ ① ①） ・9に (1)を たして 10。 10と (1)で 11。

きほん2 ① 8+5=13 ・8に ②をたして 10。
10と ③で 13。
② 8+4=12 ・8に ②をたして 10。
10と ②で 12。

❷ ① 9+4=13 ② 8+3=11
③ 8+6=14 ④ 9+7=16

❸ ① 9+8=17 ② 8+8=16
③ 9+9=18 ④ 8+7=15
⑤ 8+9=17 ⑥ 7+5=12

52・53ページ きほんのワーク

きほん1 ① 5+8 ・5を 3と ②にわける。
8に ②をたして 10。
3と 10で ⑬。

② 4+7 ・4を 1と ③にわける。
7に ③をたして 10。
1と 10で ⑪。

❶ ① 2+9=11 ② 3+9=12
③ 4+8=12 ④ 5+9=14
⑤ 6+6=12 ⑥ 7+6=13
⑦ 6+8=14 ⑧ 8+5=13
⑨ 7+8=15

きほん2 ① 4を 10に する。
4に 6 をたして 10。
10と 3 で 13。

② 9を 10に する。
9に 1 をたして 10。
3と 10 で 13。

❷ ① 3+8=11 (7 ①) ② 3+8=11 (1 ②)
❸ ① 7+8 ② 9+6
③ 9+6 ④ 7+8

---

④ しき 7+6=13　　　こたえ 13 こ

54ページ れんしゅうのワーク

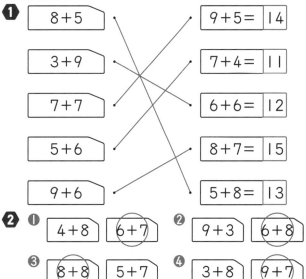

❶
8+5
3+9
7+7
5+6
9+6

9+5=14
7+4=11
6+6=12
8+7=15
5+8=13

❷ ① 4+8　6+7（6+7に○）　② 9+3　6+8（6+8に○）
③ 8+8（8+8に○）　5+7　④ 3+8　9+7（9+7に○）

55ページ まとめのテスト

1 ① 2+9=11 ② 7+8=15
③ 5+6=11 ④ 8+3=11
⑤ 6+9=15 ⑥ 3+8=11
⑦ 9+5=14 ⑧ 5+8=13
⑨ 4+7=11 ⑩ 8+9=17
⑪ 9+4=13 ⑫ 7+6=13
2 しき 4+8=12　　こたえ 12 とう
3 しき 7+4=11　　こたえ 11 ぴき

⑫ かたちあそび

56ページ きほんのワーク

きほん1

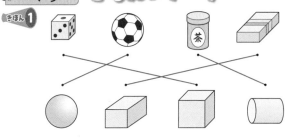

❶ ① 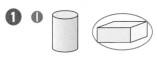　②
❷ あ、う

8

まとめのテスト

1

□の なかま	⬭の なかま	○の なかま
あ、え、き	い、う、く	お、か、け

2 ❶ ⑤　　　❷ ⑤

3 ⑤

---

⑬ ひきざん

きほんのワーク

きほん1 ❶ 4から 9は ひけないので、14を 10と 4に わける。

❷ 10から 9を ひいて ⏹1⏹。

❸ 1と 4で ⏹5⏹。

$$14-9=\boxed{5}$$
⑩　④

❶ ❶ $12-9=\boxed{3}$　・12を 10と ②に わける。
⑩　②　　10から 9を ひいて ①。
　　　　　1と ②で 3。

❷ $15-9=\boxed{6}$　・15を 10と ⑤に わける。
⑩　⑤　　10から 9を ひいて ①。
　　　　　1と ⑤で 6。

きほん2 $13-8=5$　・3から 8は ひけないので、
⑩　③　　13を 10と ⏹3⏹に わける。
　　　　　10から 8を ひいて ⏹2⏹。
　　　　　2と 3で ⏹5⏹。

❷ ❶ $13-9=\boxed{4}$　　❷ $12-8=\boxed{4}$
⑩　③　　　　　　⑩　②

❸ $14-8=\boxed{6}$　　❹ $15-7=\boxed{8}$
⑩　④　　　　　　⑩　⑤

❸ ❶ $13-7=\boxed{6}$　　❷ $15-8=\boxed{7}$
❸ $17-9=\boxed{8}$　　❹ $17-8=\boxed{9}$
❺ $16-7=\boxed{9}$　　❻ $11-8=\boxed{3}$

きほんのワーク

きほん1 ❶ $13-4=9$・4を 3と ①に わける。
③　①　　13から 3を ひいて ⏹10⏹。
　　　　　10から ①を ひいて 9。

❷ $14-6=8$ ・6を ④と 2に わける。
④　②　　14から ④を ひいて 10。
　　　　　10から 2を ひいて ⏹8⏹。

❶ ❶ $11-2=\boxed{9}$　　❷ $12-3=\boxed{9}$
❸ $12-4=\boxed{8}$　　❹ $13-6=\boxed{7}$
❺ $15-6=\boxed{9}$　　❻ $17-8=\boxed{9}$
❼ $15-7=\boxed{8}$　　❽ $17-9=\boxed{8}$
❾ $16-7=\boxed{9}$

きほん2 ❶ 11を 10と 1に わける。 ⏹11−3⏹ 10 1

10から ⏹3⏹を ひいて 7。
7と ⏹1⏹で ⏹8⏹。

❷ 3を 1と 2に わける。 ⏹11−3⏹ 1 2
11から 1を ひいて 10。
10から 2を ひいて 8。

❷ ❶ $13-5=\boxed{8}$　　❷ $13-5=\boxed{8}$
10　③　　　　　3　②

❸ ❶ $\boxed{16}-\boxed{8}$　　❷ $\boxed{14}-\boxed{6}$

❹ しき ⏹15−6=9⏹　　こたえ ⏹9⏹こ

れんしゅうのワーク

❶
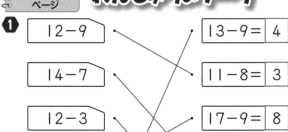

12−9		13−9= ⏹4⏹
14−7		11−8= ⏹3⏹
12−3		17−9= ⏹8⏹
13−5		12−5= ⏹7⏹
11−7		18−9= ⏹9⏹

❷ ❶ 11−8 ⦅13−7⦆　　❷ ⦅14−5⦆ 16−8
❸ ⦅15−6⦆ 12−6　　❹ 15−9 ⦅12−4⦆

まとめの テスト

1 ❶ 11−4=$\boxed{7}$　　❷ 12−4=$\boxed{8}$
　❸ 13−7=$\boxed{6}$　　❹ 11−6=$\boxed{5}$
　❺ 17−8=$\boxed{9}$　　❻ 14−5=$\boxed{9}$
　❼ 12−8=$\boxed{4}$　　❽ 16−8=$\boxed{8}$
　❾ 15−6=$\boxed{9}$　　❿ 13−6=$\boxed{7}$
　⓫ 18−9=$\boxed{9}$　　⓬ 14−8=$\boxed{6}$

2 $\boxed{しき}$ $\boxed{12−4=8}$　　　　こたえ 8 ほん

3 $\boxed{しき}$ $\boxed{16−8=8}$
　　　　こたえ あかい いろがみが、8まい おおい。

たすのかな ひくのかな

きほんの ワーク

きほん❶ ❶ $\boxed{しき}$ $\boxed{5+8}$=$\boxed{13}$　　こたえ $\boxed{13}$にん
　❷ 5+8に なる わけは、はじめ $\boxed{5}$にん
　いて、あとから $\boxed{8}$にん きて、
　ふえたからです。

❶ ❶ $\boxed{しき}$ $\boxed{12−7}$=$\boxed{5}$　　　こたえ $\boxed{5}$こ
　❷ 12−7の しきに なる わけは、はじめ
　$\boxed{12}$こ あって、その うち $\boxed{7}$こ たべて、
　へったからです。

まとめの テスト

1 ❶ $\boxed{たしざん}$
　❷ $\boxed{しき}$ $\boxed{6+7=13}$　　こたえ $\boxed{13}$にん

2 ❶ $\boxed{しき}$ $\boxed{8+6=14}$　　こたえ $\boxed{14}$ほん
　❷ $\boxed{しき}$ $\boxed{8−6=2}$
　　　こたえ あおい えんぴつが $\boxed{2}$ほん おおい。

---

⑭ どちらが おおい どちらが ひろい

きほんの ワーク

きほん❶ ❶ あ(に○)　　　❷ え(に○)

てびき ❶ あの水を いに入れたら、入りきらず
にあふれたので、あの方が多く入ります。
❷ う、えを同じ大きさの入れ物に移しかえた
ら、えの方が水の高さが高くなったのだから、
えの方が多く入ることがわかります。

❶ か
❷ さは $\boxed{5}$はい　　しは $\boxed{9}$はい
　▶ しの ほうが 🗑 $\boxed{4}$はいぶん
　おおく はいる。

❷ ひろいのは→い
❸ き → く → か
❹ ❶ あか　　　　　　❷ あお

👆 **たしかめよう!**

❶ あかは ますの 8つぶん あおは ますの
7つぶん だから、あかが ひろい ことが
わかります。

れんしゅうの ワーク

❶ ❶ ◎すいとう $\boxed{5}$はい　　◎なべ $\boxed{7}$はい
　　◎ポット $\boxed{9}$はい
　❷ ポット　　　　　❸ なべ

❷ あ

てびき 絵が何枚はってあるかで比べます。
あは 9 枚、いは 8 枚はってあります。

まとめの テスト

1 ❶ あ　　　　　　　❷ い

2 あ → う → い

---

⑮ 20より 大きい かず

きほんの ワーク

きほん❶ 10が 2こで $\boxed{20}$。
$\boxed{23}$
❶ ❶ $\boxed{25}$　　　　　　❷ $\boxed{40}$
❷ ❶ 65　　　　　　　❷ 53

きほん❷ ❶ ▭▭▭▭▭▭▭が 3こで $\boxed{30}$
　　▭が 8こで $\boxed{8}$。30と 8で $\boxed{38}$
　❷ 38は、十の位が $\boxed{3}$ で、一の位が $\boxed{8}$

❸ ❶ 10が 8こと、1が 6こで $\boxed{86}$
　❷ 10が 7こで $\boxed{70}$
　❸ 94は、10を $\boxed{9}$こと 1を $\boxed{4}$こ
　あわせた かずです。
　❹ 70は、10を $\boxed{7}$こ あつめた かずです。

❹ ❶ 十の位が 4、一の位が 7の かずは $\boxed{47}$
　❷ 十の位が 5、一の位が 0の かずは $\boxed{50}$
　❸ 80の 十の位の すうじは $\boxed{8}$、
　一の位の すうじは $\boxed{0}$

72・73ページ きほんのワーク

きほん1 $\boxed{100}$

10が $\boxed{10}$ こで、百と いいます。
100は、99より $\boxed{1}$ 大きい かずです。

❶

50	51	52	53	54	55	56	57	58	59
60	61	62	63	64	65	66	67	68	69
70	71	72	73	74	75	76	77	78	79
80	81	82	83	84	85	86	87	88	89
90	91	92	93	94	95	96	97	98	99
100									

きほん2 ❶ 68より 4 大きい かず $\boxed{72}$

❷ 91より 5 小さい かず $\boxed{86}$

❷ ❶ 40より 6 大きい かず $\boxed{46}$

❷ 97より 3 大きい かず $\boxed{100}$

❸ 79より 5 大きい かず $\boxed{84}$

❹ 93より 4 小さい かず $\boxed{89}$

❸ ❶ $\boxed{76}$-$\boxed{77}$-$\boxed{78}$-$\boxed{79}$-$\boxed{80}$-$\boxed{81}$-$\boxed{82}$-$\boxed{83}$

❷ $\boxed{30}$-$\boxed{40}$-$\boxed{50}$-$\boxed{60}$-$\boxed{70}$-$\boxed{80}$-$\boxed{90}$-$\boxed{100}$

❹ ❶ $\boxed{58}$⟨$\boxed{85}$ ❷ $\boxed{84}$⟩$\boxed{81}$ ❸ $\boxed{66}$⟩$\boxed{56}$

74・75ページ きほんのワーク

きほん1 ❶ $\boxed{114}$ ❷ $\boxed{120}$

❶ ❶ $\boxed{113}$まい ❷ $\boxed{110}$まい ❸ $\boxed{102}$まい

きほん2 ❶ 100より 3 大きい かず $\boxed{103}$

❷ 100より 15 大きい かず $\boxed{115}$

❸ 118より 5 小さい かず $\boxed{113}$

❷ ❶ 117は、100と $\boxed{17}$を あわせた かず

❷ 117は、120より $\boxed{3}$ 小さい かず

❸ ❶ $\boxed{97}$-$\boxed{98}$-$\boxed{99}$-$\boxed{100}$-$\boxed{101}$-$\boxed{102}$

❷ $\boxed{112}$-$\boxed{111}$-$\boxed{110}$-$\boxed{109}$-$\boxed{108}$-$\boxed{107}$

❹ $\boxed{120}$→$\boxed{114}$→$\boxed{103}$→$\boxed{100}$→$\boxed{96}$

76ページ れんしゅうのワーク

❶ ❶ $\boxed{34}$-$\boxed{36}$-$\boxed{38}$-$\boxed{40}$-$\boxed{42}$-$\boxed{44}$

❷ $\boxed{80}$-$\boxed{85}$-$\boxed{90}$-$\boxed{95}$-$\boxed{100}$-$\boxed{105}$

❸ 59より 1 大きい かず $\boxed{60}$

❹ 90より 1 小さい かず $\boxed{89}$

❷ $\boxed{120}$→$\boxed{112}$→$\boxed{109}$→$\boxed{81}$→$\boxed{73}$

❸ えんぴつ、けしゴム

77ページ まとめのテスト

1 ❶ $\boxed{62}$ ❷ $\boxed{90}$ ❸ $\boxed{108}$

2 ❶ 10が 4こと、1が 9こで $\boxed{49}$

❷ 60は、10を $\boxed{6}$こ あつめた かずです。

❸ 十の位が 9、一の位が 7の かずは $\boxed{97}$

❹ 100 — $\boxed{106}$ 110 — $\boxed{116}$ 120

3 ❶ $\boxed{60}$⟨$\boxed{71}$ ❷ $\boxed{102}$⟩$\boxed{98}$ ❸ $\boxed{120}$⟩$\boxed{112}$

( )(○) (○)( ) (○)( )

⑯ たしざんと ひきざん

78・79ページ きほんのワーク

きほん1 ❶ $40+30=\boxed{70}$ ❷ $70-20=\boxed{50}$

❶ ❶ $50+20=\boxed{70}$ ❷ $10+60=\boxed{70}$

❸ $40+40=\boxed{80}$ ❹ $30+70=\boxed{100}$

❷ ❶ $40-20=\boxed{20}$ ❷ $60-30=\boxed{30}$

❸ $50-10=\boxed{40}$ ❹ $80-60=\boxed{20}$

❺ $90-50=\boxed{40}$ ❻ $100-40=\boxed{60}$

❸ しき $100-30=70$ こたえ 70まい

きほん2 ❶ $24+3=\boxed{27}$ ❷ $28-4=\boxed{24}$

❹ ❶ $30+8=\boxed{38}$ ❷ $60+3=\boxed{63}$

❸ $80+9=\boxed{89}$ ❹ $70+6=\boxed{76}$

❺ $66+3=\boxed{69}$ ❻ $54+4=\boxed{58}$

❺ ❶ $75-5=\boxed{70}$ ❷ $87-7=\boxed{80}$

❸ $29-9=\boxed{20}$ ❹ $26-4=\boxed{22}$

❺ $88-2=\boxed{86}$ ❻ $55-3=\boxed{52}$

❻ しき $23+6=29$ こたえ 29人

80ページ れんしゅうのワーク

❶ ❶ $50+30=\boxed{80}$ ❷ $20+40=\boxed{60}$

❸ $60+10=\boxed{70}$ ❹ $40+50=\boxed{90}$

❺ $70+30=\boxed{100}$ ❻ $10+90=\boxed{100}$

❼ $30+7=\boxed{37}$ ❽ $80+3=\boxed{83}$

❾ $53+6=\boxed{59}$ ❿ $46+2=\boxed{48}$

❷ ❶ $60-40=\boxed{20}$ ❷ $50-30=\boxed{20}$

❸ $100-30=\boxed{70}$ ❹ $90-70=\boxed{20}$

❺ $26-6=\boxed{20}$ ❻ $58-8=\boxed{50}$

❼ $79-7=\boxed{72}$ ❽ $47-3=\boxed{44}$

❾ $65-4=\boxed{61}$ ❿ $88-6=\boxed{82}$

81ページ まとめのテスト

1 ❶ $40+20=\boxed{60}$ ❷ $10+70=\boxed{80}$

❸ $60-30=\boxed{30}$ ❹ $100-40=\boxed{60}$

⑤ 50+6=[56]　⑥ 80+2=[82]
⑦ 74+3=[77]　⑧ 23+5=[28]
⑨ 86-6=[80]　⑩ 65-5=[60]
⑪ 45-2=[43]　⑫ 89-7=[82]

2 [しき] 30+6=36　　　こたえ 36人
3 [しき] 24-2=22　　　こたえ 22こ

---

⑰ なんじ なんぷん

82・83ページ きほんのワーク

きほん**1** [7]じ[15]ふん

1 ❶ 3じ40ぷん　❷ 9じ10ぷん
　❸ 1じ25ふん　❹ 5じ45ふん

きほん**2**

7じ[58]ふん ➡ 7じ59ふん ➡ [8]じ ➡ 8じ[1]ぷん

2
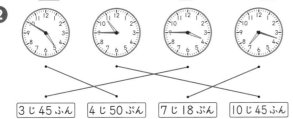

| 3じ45ふん | 4じ50ぷん | 7じ18ふん | 10じ45ふん |

3 ❶ 11じ25ふん　❷ 5じ55ふん

84ページ れんしゅうのワーク

1 ❶ 10じ21ぷん　❷ 7じ9ふん
　❸ 2じ35ふん

2 ❶ 1じ45ふん　❷ 9じ20ぷん　❸ 6じ3ぷん

3
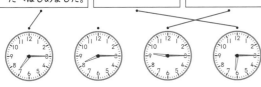
| ❶ 7じ15ふんに あさごはんを たべはじめました。 | ❷ 6じ15ふんに おきました。 | ❸ 9じ15ふんに ねました。 |

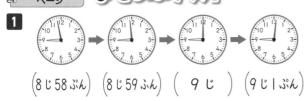

85ページ まとめのテスト

1
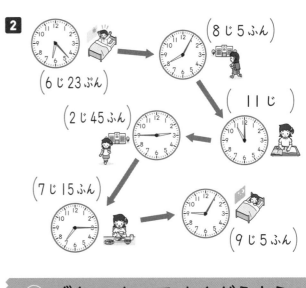
(8じ58ぷん) (8じ59ふん) (9じ) (9じ1ぷん)

2
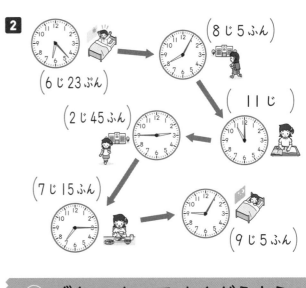
(6じ23ぷん) → (8じ5ふん) → (11じ) → (2じ45ふん) → (7じ15ふん) → (9じ5ふん)

---

⑱ ずを つかって かんがえよう

86・87ページ きほんのワーク

きほん**1**

[しき] [7]+[3]=[10]　　こたえ [10]人

1
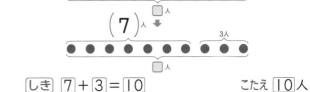
[しき] [12-4=8]　　こたえ [8]人

きほん**2**
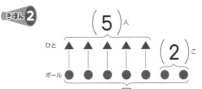 
[しき] [5+2=7]　　こたえ [7]こ

2
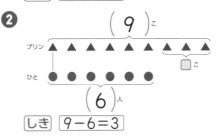
[しき] [9-6=3]　　こたえ [3]こ

88ページ きほんのワーク

きほん**1**
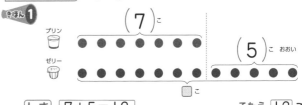
[しき] [7+5=12]　　こたえ [12]こ

❶

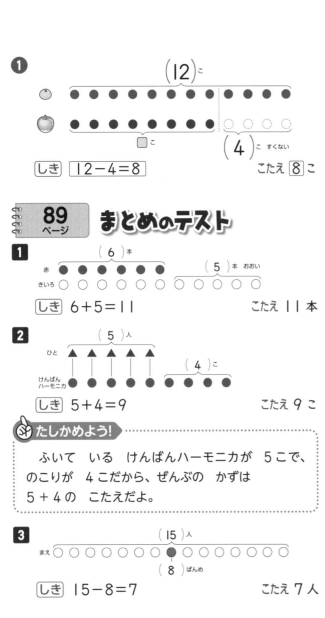

(12)こ

□こ
(4)こ すくない

[しき] 12−4＝8

こたえ 8 こ

まとめのテスト

1

赤 ━━━━ (6)本

きいろ ━━━━ (5)本 おおい

[しき] 6＋5＝11

こたえ 11 本

2

ひと ━━━━ (5)人

けんばん
ハーモニカ ━━━━ (4)こ

[しき] 5＋4＝9

こたえ 9 こ

たしかめよう！

ふいて いる けんばんハーモニカが 5こで、
のこりが 4こだから、ぜんぶの かずは
5＋4の こたえだよ。

3

(15)人

まえ ━━━━●━━━━
(8)ばんめ

[しき] 15−8＝7

こたえ 7 人

⑲ かたちづくり

きほんのワーク

きほん1 ❶

① 4 まい　② 4 まい　③ 3 まい

てびき 上図に線をひいたように、分けることが
できます。（分け方は例です）

❶ ① 7 本　② 10 本　③ 13 本

❷ 〔れい〕　〔れい〕

まとめのテスト

1 ① (8 まい)　② (4 まい)　③ (6 まい)

④ (4 まい)　⑤ (4 まい)　⑥ (4 まい)

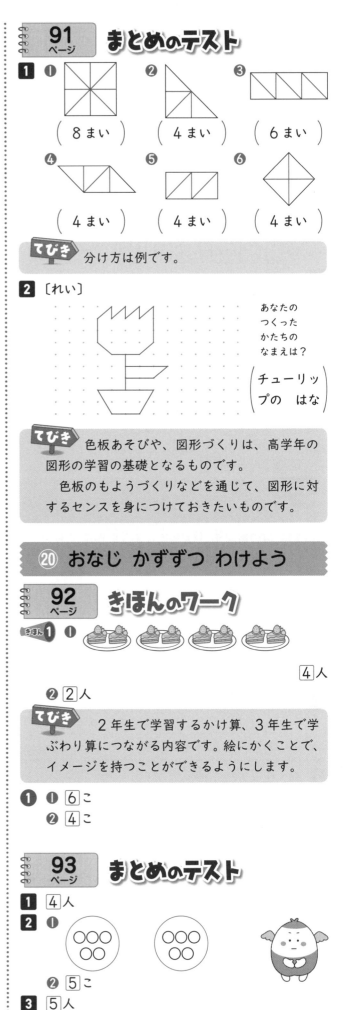

てびき 分け方は例です。

2 〔れい〕

あなたの
つくった
かたちの
なまえは？

(チューリッ
プの はな)

てびき 色板あそびや、図形づくりは、高学年の
図形の学習の基礎となるものです。
色板のもようづくりなどを通じて、図形に対
するセンスを身につけておきたいものです。

⑳ おなじ かずずつ わけよう

きほんのワーク

きほん1 ①

4 人

② 2 人

てびき 2年生で学習するかけ算、3年生で学
ぶわり算につながる内容です。絵にかくことで、
イメージを持つことができるようにします。

❶ ① 6 こ
② 4 こ

まとめのテスト

1 4 人

2 ①

② 5 こ

3 5 人

94ページ まとめのテスト❶

1 ❶ 10が 3こと、1が 8こで 38です。
❷ 67は、10を 6こと、1を 7こ
あわせた かずです。
❸ 十の位が 4、一の位が 5の かずは
45です。

2 ❶ 76─77─78─79─80─81
❷ 115─116─117─118─119─120

3 ❶ 6+3=9
❷ 8+7=15
❸ 7−4=3
❹ 17−9=8
❺ 2+8+3=13
❻ 10−5+2=7
❼ 50+40=90
❽ 61+6=67
❾ 100−80=20
❿ 78−4=74

てびき ❺・❻の 3つの数の計算は、前から順に
計算することをおさえてください。
❼、❾の計算も 10をまとまりとしてとらえる
ことを忘れていないか、確認しておきましょう。

95ページ まとめのテスト❷

1 ⓘ

たしかめよう！
ますの いくつぶん あるかを かぞえます。
あは 6つぶん ⓘは 8つぶんです。

2
❶（8じ15ふん） ❷（2じ45ふん） ❸（7じ5ふん）

てびき 時計で「何時、何時半、何時何分」を読め
るようになることは、2年生で学習する「時刻
と時間」の学習にもつながるので、ここできち
んとおさえておきましょう。

3 しき 9−6=3
こたえ シュークリームが 3こ おおい。

てびき 6+9とたしたり、6−9とひく順を逆
にしたり、答えを「3こ」とだけ書いたりする間
違いがみられます。何を問われているか、しっ
かりおさえてください。

4 しき 14−8−1=5
（または 14−9=5） こたえ 5人

てびき 下のように図をかいて考えます。

14人
まえ ○○○○○○○○●○○○○○
8人 ↓さとし

さとしさんの前に 8人いるから、さとしさん
は前から 9番目になります。
さとしさんの後ろには、14−9=5で、5
人いることになります。

● レッツ プログラミング

96ページ まなびのワーク

きほん1
① コップを よういする。
② ジュースを れいぞうこから だす。
③ ジュースの ふたを あける。
④ コップに ジュースの 口を ちかづける。
⑤ コップに ジュースを そそぐ。
⑥ ジュースの ふたを しめる。

❶
① 水で ぬらす。
② せっけんを 手に とる。
③ あわだてて あらう。
④ 水で ながす。
⑤ 手を ふく。

小学校でもプログラミングが必修化され、「プログ
ラミング的思考」を身につけることが重視されてい
ます。プログラミング的思考とは、自分が意図す
る動きを効率的にコンピュータにさせるには、ど
んな命令をどんな順序で行えばよいのかを論理的
に考えることです。この「まなびのワーク」では、
動きを「小さな動き」に分けることを考えます。動
きを言語化することで、思考力が身につきます。

こたえとてびき……………

夏休みのテスト①

1 🍰 4 こ　🍌 6 ぽん

2 ❶
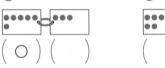
| 1 | 2 | 3 | 4 | 5 | 6 |

❷
| 10 | 9 | 8 | 7 | 6 | 5 |

3 ❶ (〇)(　)　　❷ (　)(〇)

❸

| 6 | 7 |
(　)(〇)

❹
| 8 | 5 |
(〇)(　)

4 ❶

❷

5 ❶ 7 は 2 と 5
❷ 6 は 2 と 4
❸ 2 と 6 で 8
❹ 3 と 7 で 10
❺ 9 は 3 と 6
❻ 10 は 4 と 6
❼ 4 と 5 で 9
❽ 3 と 5 で 8

> **てびき** 10までの数の合成・分解は、たし算・ひき算のもととなる大切な考えです。つまずきが見られたら、確実にできるように声に出して練習しておきましょう。

夏休みのテスト②

1 ❶ 7 ❷ 9 ❸ 7 ❹ 10 ❺ 10 ❻ 8
2 ❶ 4 ❷ 7 ❸ 1 ❹ 7 ❺ 0 ❻ 6
3 ❶ めろん ❷ 2 こ ❸ 4 ほん ❹ 4 こ

> **てびき** ❹ メロンは5個、りんごは1個だから、違いは4個になります。2年生になって学習する表とグラフの内容です。

4 しき 3+5=8　　こたえ 8 ほん
5 しき 8-6=2　　こたえ 2 まい

冬休みのテスト①

1 ❶ 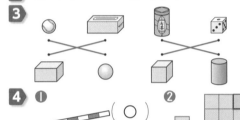 16 こ　❷ 14 ほん

> **てびき** 10のまとまりを線で囲んで、10のまとまりを意識して数えましょう。

2 ❶ 4 じ　❷ 10 じはん
3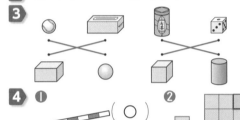
4 ❶ 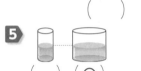 (〇)(　)
❷ (〇)(　)
5 (　)(〇)

6 ❶
| 10 | 11 | 12 | 13 | 14 | 15 |
❷
| 10 | 12 | 14 | 16 | 18 | 20 |

7 ❶ 15 ❷ 13 ❸ 18 ❹ 10

冬休みのテスト②

1 ❶ 16 ❷ 17 ❸ 15
❹ 11 ❺ 12 ❻ 12
2 ❶ 10 ❷ 16 ❸ 8
❹ 4 ❺ 8 ❻ 8

> **てびき** くり上がり、くり下がりのある計算は、1年生でもっとも間違いが多い分野です。間違えた問題は、きちんとやり直しておきましょう。

3 ❶ 8 ❷ 5 ❸ 7 ❹ 5
4 しき 8+4=12　　こたえ 12 ひき

> **てびき** 初めに8匹いて、あとから4匹もらったので、たし算になります。

5 しき 15-7=8　　こたえ 8 まい

> **てびき** 弟にあげて、残りを求めるから、ひき算になります。

学年末のテスト①

1 ❶ 36 ❷ 17

てびき ❶ 10個入りの箱が3箱と、ばらが6個で36個です。
❷ 2個入りの1パックが8パックと、ばらが1個で17個です。2、4、6、…と数えます。

2 ❶ 92—93—94—95—96—97
❷ 60—70—80—90—100—110

3 ❶ 7じ25ふん ❷ 2じ57ふん

4 ❶ 12 まい ❷ 9 まい

たしかめよう!

せんで くぎって かんがえましょう。〔れい〕

5 ❶ 74 ❷ 48
❸ 6 ❹ 100
❺ 60 ❻ 91

学年末のテスト②

1 ❶ 4+2=6 ❷ 8+7=15
❸ 17−8=9 ❹ 13−7=6
❺ 9+6=15 ❻ 20+5=25
❼ 0+0=0 ❽ 11−8=3
❾ 13+3=16 ❿ 30+60=90
⓫ 17−5=12 ⓬ 68−8=60
⓭ 7−7=0 ⓮ 5+6=11
⓯ 12−9=3 ⓰ 90−60=30
⓱ 4+2+4=10 ⓲ 10−2−5=3
⓳ 16−6+3=13 ⓴ 1+5−4=2

てびき 1年生で学ぶたし算、ひき算をまとめています。くり上がり、くり下がりの意味を理解しているかどうかをチェックしてください。

2 ❶ しき 12+7=19 こたえ 19人
❷ しき 12−7=5
こたえ 子どもが 5人 おおい。

3 しき 14−6=8 こたえ 8こ

4 しき 30+40=70 こたえ 70まい

てびき 問題を正しく読み、式をつくることができるかどうかを見る問題です。

まるごと 文章題テスト①

1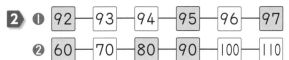
しき 4+6=10 こたえ 10人

2 ❶ しき 14+5=19 こたえ 19こ
❷ しき 14−5=9
こたえ ケーキが 9こ おおい。

3
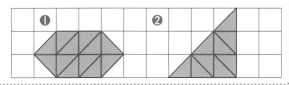
しき 7−5=2 こたえ 2だい

4
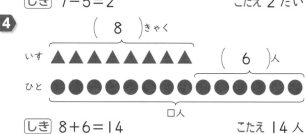
しき 8+6=14 こたえ 14人

まるごと 文章題テスト②

1 しき 9+5=14 こたえ 14本

2 しき 12−9=3 こたえ 3こ

3 しき 4+6−5=5 こたえ 5こ

4 しき 15−7=8 こたえ 8こ

5

こたえ 2こ

しき 2+2+2=6

てびき 2年生のかけ算、3年生のわり算につながる内容です。図を使って考えることで自然な理解を促しましょう。

6 しき 25−4=21 こたえ 21まい

●べんきょうした日　月　日
なまえ
とくてん
/100てん
こたえ 16ページ
おわったら
シールを
はろう

実力はんていテスト

まるごと ぶんしょうだい 文章題テスト ②

1 赤い はなが 9本 あります。
きいろい はなは、赤い はなより
5本 おおいです。きいろい
はなは、なん本 ありますか。

しき10・こたえ5[15てん]

赤い はな
きいろい はな

しき

こたえ（　　　　　）

2 ケーキが 12こ あります。

じかん
30ぷん

いろいろな文章題にチャレンジしよう!

4 玉入れで、赤ぐみは 15こ
入りました。白ぐみは、赤ぐみより
7こ すくなかったです。
白ぐみは、なんこ 入りましたか。

しき10・こたえ10[20てん]

しき

こたえ（　　　　　）

5 りんごが 6こ あります。
3人で おなじ かずずつ わけると、
ひとりぶんは なんこに なりますか。

こたえ5・しき10[15てん]

7人の こどもに 1こずつ あげると、なんこ のこりますか。

しき

こたえ（　　　　　）

しき10・こたえ5[15てん]

3 たまごが かごに 4こ、はこに 6こ あります。ケーキを つくるのに、5こ つかうと、たまごの のこりは なんこに なりますか。

しき

こたえ（　　　　　）

しき10・こたえ5[15てん]

しきに かいて たしかめましょう。

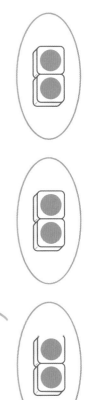

2＋□＋□＝6

しき

こたえ（　　　　　）

6 青い いろがみが 25まい あります。きいろい いろがみは、青い いろがみより 4まい すくないです。きいろい いろがみは なんまい ありますか。しき10・こたえ10[20てん]

しき

こたえ（　　　　　）

1つ5[30てん]

① 十の位が 7、一の位が 4 の かずは [ ]

② 10が 4こと、1が 8こで [ ]

③ 63は、10を 3こ あつめた かずです。
1を [ ]こ

④ 10が 10こで [ ]

⑤ 59より 1 大きい かずは [ ]

⑥ 95より 4 小さい かずは [ ]

2 □に かずを かきましょう。 □1つ5[30てん]

① 92 [ ] [ ] 95 [ ] 97

② 60 [ ] 80 90 [ ] [ ]

3 なんじ なんぷんですか。 1つ10[20てん]

① ( ) ② ( )

学年末のテスト①

じかん 30ぷん

おわったら
シールを
はろう

1 かずを すうじで かきましょう。

1つ5[10てん]

①

②

4 下の かたちは、あの いろいたが
なんまい で できますか。

1つ5[10てん]

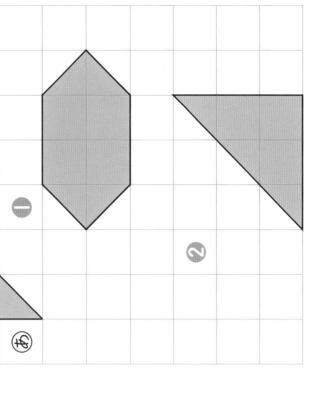

①　　　　まい

②　　　　まい

5 □に かずを かきましょう。

冬休みのテスト②

ふゆ やす

じかん 30ぷん

べんきょうした日　月　日

なまえ

とくてん　/100てん

きょうかしょ ❷36〜❷99ページ　こたえ 15ページ

おわったら
シールを
はろう

---

1 たしざんを しましょう。　1つ5[30てん]

① 10＋6

② 12＋5

③ 8＋7

④ 5＋6

⑤ 4＋8

---

3 けいさんを しましょう。　1つ5[20てん]

① 2＋5＋1

② 3＋7−5

③ 16−6−3

④ 10−9＋4

---

4 めだかを 8ひき かって いました。
4ひき もらいました。めだかは、
ぜんぶで なんびきに なりましたか。

しき 5・こたえ 5[10てん]

⑥ 3＋9

2 ひきざんを しましょう。 1つ5[30てん]

① 18－8

② 19－3

③ 13－5

④ 11－7

⑤ 14－6

⑥ 12－4

しき

こたえ（　　　）

5 そうまさんは カードを 15まい もって いました。おとうとに 7まい あげました。カードは、なんまい のこって いますか。 しき5・こたえ5[10てん]

しき

こたえ（　　　）

1ねん

実力アップ
計算
れんしゅうノート

とくべつ
特別
ふろく

けいさんりょく
計算力がぐんぐんのびる！

このふろくは
すべての教科書に対応した
全教科書版です。

ねん	くみ	なまえ

「計算れんしゅうノート」はとりはずして使用できます。

1 たしざん⑴

🦔 たしざんを しましょう。

1つ6〔90てん〕

① 3+2　　② 4+3　　③ 1+2

④ 5+4　　⑤ 7+3　　⑥ 8+1

⑦ 6+4　　⑧ 9+1　　⑨ 4+4

⑩ 7+2　　⑪ 5+5　　⑫ 6+2

⑬ 1+9　　⑭ 3+6　　⑮ 2+8

🐨 あかい ふうせんが 5こ、あおい ふうせんが 2こ あります。ふうせんは、あわせて なんこ ありますか。

1つ5〔10てん〕

しき

こたえ (

2 たしざん (2)

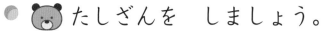

🐻 たしざんを しましょう。

1つ6〔90てん〕

① 3+4　　② 2+2　　③ 3+7

④ 5+3　　⑤ 8+2　　⑥ 1+8

⑦ 2+4　　⑧ 3+1　　⑨ 4+5

⑩ 1+7　　⑪ 6+3　　⑫ 5+1

⑬ 4+2　　⑭ 9+1　　⑮ 2+5

🦔 こどもが 6にん います。4にん きました。
みんなで なんにんに なりましたか。

1つ5〔10てん〕

しき

こたえ (　　　　　　　)

3 たしざん (3)

🐨 たしざんを しましょう。

1つ6〔90てん〕

① 2+3　　② 1+5　　③ 7+1

④ 4+1　　⑤ 3+3　　⑥ 6+3

⑦ 2+6　　⑧ 1+6　　⑨ 8+2

⑩ 1+3　　⑪ 5+2　　⑫ 4+6

⑬ 6+1　　⑭ 2+7　　⑮ 3+5

🐻 いちごの けえきが 4こ あります。めろんの
けえきが 5こ あります。けえきは、ぜんぶで
なんこ ありますか。

1つ5〔10てん〕

しき

こたえ (

4　たしざん⑷

じかん **20** ぷん

とくてん

/100てん

🦁 たしざんを　しましょう。

1つ6〔90てん〕

① 3+1　　　② 3+7　　　③ 4+4

④ 6+2　　　⑤ 1+9　　　⑥ 3+2

⑦ 2+2　　　⑧ 1+7　　　⑨ 5+1

⑩ 7+2　　　⑪ 4+2　　　⑫ 5+5

⑬ 8+1　　　⑭ 6+4　　　⑮ 5+3

🐨 とんぼが　4ひき　います。6ぴき　とんで　くると、ぜんぶで　なんびきに　なりますか。

1つ5〔10てん〕

しき

こたえ（　　　　　　　）

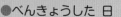

5 ひきざん(1)

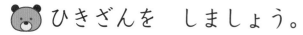

🐻 ひきざんを　しましょう。

1つ6〔90てん〕

① 5−1　　② 7−3　　③ 9−2

④ 10−4　　⑤ 6−4　　⑥ 4−3

⑦ 9−1　　⑧ 8−3　　⑨ 10−5

⑩ 2−1　　⑪ 9−6　　⑫ 8−7

⑬ 7−4　　⑭ 10−9　　⑮ 3−2

🦁 くるまが　6だい　とまって　います。3だい　でて
いきました。のこりは　なんだいですか。

1つ5〔10てん〕

しき

こたえ（　　　　　）

6 ひきざん⑵

じかん
20ぷん

とくてん

/100てん

 ひきざんを しましょう。

1つ6〔90てん〕

① 3−1　　② 9−8　　③ 8−1

④ 9−5　　⑤ 7−6　　⑥ 10−2

⑦ 10−6　　⑧ 4−2　　⑨ 5−4

⑩ 6−3　　⑪ 7−1　　⑫ 8−5

⑬ 8−2　　⑭ 9−4　　⑮ 10−8

あめが 7こ あります。4こ たべました。
のこりは なんこですか。

1つ5〔10てん〕

しき

こたえ (　　　　　)

7 ひきざん (3)

じかん
20ぷん

とくてん
/100てん

🦁 ひきざんを しましょう。

1つ6〔90てん〕

① 4−1

② 9−7

③ 10−1

④ 7−5

⑤ 6−2

⑥ 8−4

⑦ 10−3

⑧ 5−2

⑨ 6−5

⑩ 7−2

⑪ 6−1

⑫ 5−3

⑬ 8−2

⑭ 10−7

⑮ 2−1

🐨 しろい うさぎが 9ひき、くろい うさぎが
6ぴき います。しろい うさぎは なんびき
おおいですか。

1つ5〔10てん〕

しき

こたえ (　　　　　)

 8 ひきざん ⑷

🐻 ひきざんを　しましょう。　　　　　　　1つ6〔90てん〕

① 7−1　　　　② 5−4　　　　③ 9−6

④ 10−2　　　⑤ 8−7　　　　⑥ 7−4

⑦ 10−4　　　⑧ 8−2　　　　⑨ 9−8

⑩ 10−5　　　⑪ 7−5　　　　⑫ 3−2

⑬ 8−5　　　⑭ 10−8　　　⑮ 9−2

🦁 わたあめが　7こ、ちょこばななが　3こ　あります。
ちがいは　なんこですか。　　　　　　　1つ5〔10てん〕

しき

こたえ（　　　　　　　）

9 おおきい　かずの　けいさん⑴

じかん **20** ぷん

とくてん

/100てん

🐨 けいさんを　しましょう。

1つ6〔90てん〕

① 10+4　　② 10+2　　③ 10+8

④ 10+1　　⑤ 10+7　　⑥ 10+9

⑦ 10+6　　⑧ 13−3　　⑨ 15−5

⑩ 19−9　　⑪ 17−7　　⑫ 14−4

⑬ 11−1　　⑭ 18−8　　⑮ 16−6

🐻 えんぴつが　12ほん　あります。2ほん
けずりました。けずって　いない　えんぴつは、
なんぼんですか。

1つ5〔10てん〕

しき

こたえ（　　　　　）

10 おおきい　かずの　けいさん(2)

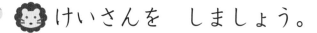

🦔 けいさんを　しましょう。

1つ6〔90てん〕

① 13+2　　② 14+3　　③ 15+2

④ 13+6　　⑤ 15+1　　⑥ 11+6

⑦ 12+5　　⑧ 18−2　　⑨ 19−5

⑩ 17−3　　⑪ 15−4　　⑫ 16−3

⑬ 14−1　　⑭ 13−2　　⑮ 19−7

🐨 ちょこれえとが　はこに　12こ、ばらで　3こ
あります。あわせて　なんこ　ありますか。

1つ5〔10てん〕

しき

こたえ（　　　　　）

11 3つの かずの けいさん (1)

とくてん
/100てん

🐻 けいさんを しましょう。

1つ10〔90てん〕

① 3+4+1

② 1+2+5

③ 2+3+4

④ 9+1+2

⑤ 6+4+5

⑥ 9-3-2

⑦ 7-2-1

⑧ 13-3-2

⑨ 16-6-5

🦁 あめが 12こ あります。2こ たべました。
いもうとに 2こ あげました。あめは、なんこ
のこって いますか。

1つ5〔10てん〕

しき

こたえ (　　　　　)

12 3つの かずの けいさん⑵

とくてん

/100てん

🐨 けいさんを しましょう。　　　　　　　　1つ10〔90てん〕

① 7−2+3

② 5−1+4

③ 8−4+5

④ 10−8+4

⑤ 10−6+3

⑥ 5+3−2

⑦ 2+3−1

⑧ 5+5−3

⑨ 1+9−5

🐻 りんごが 4こ あります。6こ もらいました。
3こ たべました。りんごは、なんこ のこって
いますか。　　　　　　　　　　　　　　　1つ5〔10てん〕

しき

こたえ (　　　　　　　　)

13 たしざん (5)

🦁 たしざんを しましょう。　　　1つ6〔90てん〕

① 9+3　　② 5+6　　③ 7+4

④ 6+5　　⑤ 8+5　　⑥ 3+9

⑦ 7+7　　⑧ 9+6　　⑨ 5+8

⑩ 2+9　　⑪ 8+3　　⑫ 6+7

⑬ 8+7　　⑭ 4+8　　⑮ 9+9

🐨 おすの らいおんが 8とう、めすの らいおんが
4とう います。らいおんは みんなで なんとう
います か。　　　　　　　　　　　　　1つ5〔10てん〕

しき

こたえ（　　　　）

14

14 たしざん (6)

じかん 20 ぷん

とくてん

/100てん

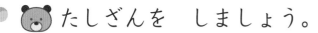
たしざんを　しましょう。

1つ6〔90てん〕

① 4+8　　② 7+5　　③ 6+8

④ 4+9　　⑤ 3+8　　⑥ 9+8

⑦ 9+2　　⑧ 6+7　　⑨ 6+9

⑩ 5+7　　⑪ 9+5　　⑫ 6+6

⑬ 8+6　　⑭ 7+8　　⑮ 7+9

はとが　7わ　います。あとから　6わ　とんで
きました。はとは　あわせて　なんわに　なりましたか。

しき

1つ5〔10てん〕

こたえ (　　　　　)

とくてん

じかん
20ぷん

/100てん

15 たしざん(7)

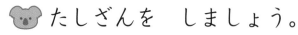

🐨 たしざんを　しましょう。

1つ6〔90てん〕

① 6+9　　② 5+6　　③ 3+8

④ 9+4　　⑤ 7+5　　⑥ 4+7

⑦ 8+8　　⑧ 5+9　　⑨ 7+8

⑩ 9+7　　⑪ 7+7　　⑫ 7+6

⑬ 2+9　　⑭ 6+7　　⑮ 8+9

🐻 きんぎょを　5ひき　かって　います。7ひき
もらいました。きんぎょは、ぜんぶで　なんびきに
なりましたか。

1つ5〔10てん〕

しき

こたえ (　　　　　)

とくてん

/100てん

16 たしざん⑻

じかん
20
ぷん

🦁 たしざんを しましょう。

1つ6〔90てん〕

① 5+8　　② 8+7　　③ 9+9

④ 6+6　　⑤ 3+9　　⑥ 8+4

⑦ 7+9　　⑧ 4+8　　⑨ 4+9

⑩ 9+3　　⑪ 6+8　　⑫ 6+5

⑬ 8+9　　⑭ 5+7　　⑮ 9+6

🐨 みかんが おおきい かごに 9こ、ちいさい
かごに 5こ あります。あわせて なんこですか。

1つ5〔10てん〕

しき

こたえ (　　　　　)

17

17　たしざん⑼

じかん **20** ぷん

とくてん

/100てん

🐻 たしざんを　しましょう。　　　　　　　　1つ6〔90てん〕

① 9+5　　　② 6+8　　　③ 8+8

④ 5+7　　　⑤ 9+2　　　⑥ 4+8

⑦ 3+9　　　⑧ 9+8　　　⑨ 7+9

⑩ 9+4　　　⑪ 8+3　　　⑫ 6+9

⑬ 7+4　　　⑭ 9+7　　　⑮ 7+6

🦁 にわとりが　きのう　たまごを　5こ　うみました。
きょうは　8こ　うみました。あわせて　なんこ
うみましたか。　　　　　　　　　　　　1つ5〔10てん〕

しき

こたえ（　　　　　）

18 ひきざん (5)

とくてん

/100てん

🐨 ひきざんを　しましょう。

1つ6〔90てん〕

① 11−4　　② 17−8　　③ 13−5

④ 16−7　　⑤ 14−6　　⑥ 11−2

⑦ 18−9　　⑧ 11−7　　⑨ 15−6

⑩ 14−5　　⑪ 13−9　　⑫ 12−6

⑬ 15−9　　⑭ 12−8　　⑮ 13−4

🐻 たまごが　12こ　あります。けえきを　つくるのに
7こ　つかいました。たまごは、なんこ　のこって
いますか。

1つ5〔10てん〕

しき

こたえ (　　　　　)

19 ひきざん ⑹

 じかん 20ぷん

とくてん
/100てん

🦁 ひきざんを しましょう。　　1つ6〔90てん〕

① 17−9　　② 12−3　　③ 14−7

④ 11−6　　⑤ 16−8　　⑥ 12−4

⑦ 15−8　　⑧ 13−8　　⑨ 13−7

⑩ 14−9　　⑪ 14−8　　⑫ 12−5

⑬ 15−7　　⑭ 11−9　　⑮ 13−6

🐨 おかしが 13こ あります。4こ たべると、
のこりは なんこですか。　　1つ5〔10てん〕

しき

こたえ (　　　　)

20 ひきざん (7)

🐻 ひきざんを しましょう。

1つ6〔90てん〕

① 17－8　② 14－6　③ 13－9

④ 12－7　⑤ 11－3　⑥ 16－9

⑦ 18－9　⑧ 14－5　⑨ 15－6

⑩ 11－5　⑪ 12－9　⑫ 13－4

⑬ 15－9　⑭ 11－8　⑮ 16－7

🦁 おやの しまうまが 14とう、こどもの
しまうまが 9とう います。おやの しまうまは
なんとう おおいですか。

1つ5〔10てん〕

しき

こたえ（　　　　　）

21 ひきざん (8)

🐨 ひきざんを　しましょう。

1つ6〔90てん〕

① 13−7　　② 11−8　　③ 12−5

④ 11−2　　⑤ 15−6　　⑥ 16−7

⑦ 12−8　　⑧ 13−6　　⑨ 11−4

⑩ 12−9　　⑪ 16−8　　⑫ 14−7

⑬ 11−5　　⑭ 14−9　　⑮ 12−4

🐻 はがきが　15まい、ふうとうが　7まい　あります。
はがきは　ふうとうより　なんまい　おおいですか。

しき

1つ5〔10てん〕

こたえ（　　　　）

22 ひきざん (9)

🦁 ひきざんを しましょう。　　　　　1つ6〔90てん〕

① 11−7　　　② 16−9　　　③ 12−3

④ 14−5　　　⑤ 12−7　　　⑥ 11−9

⑦ 17−8　　　⑧ 15−8　　　⑨ 13−9

⑩ 12−6　　　⑪ 17−9　　　⑫ 11−6

⑬ 11−3　　　⑭ 12−4　　　⑮ 14−8

🐨 さつきさんは えんぴつを 13ぼん もって います。
おとうとに 5ほん あげると、なんぼん
のこりますか。　　　　　　　　　　　1つ5〔10てん〕

しき

こたえ (　　　　　　　)

23

23 おおきい かずの けいさん (3)

🐻 けいさんを しましょう。 1つ6〔90てん〕

① 10+50　② 20+30　③ 50+40

④ 10+90　⑤ 30+60　⑥ 40+60

⑦ 20+80　⑧ 40-10　⑨ 60-20

⑩ 90-50　⑪ 90-30　⑫ 70-40

⑬ 100-30　⑭ 100-50　⑮ 100-80

🦁 いろがみが 80まい あります。20まい
つかいました。のこりは なんまいですか。 1つ5〔10てん〕

しき

こたえ (　　　　　)

24 おおきい かずの けいさん⑷

🐨 けいさんを しましょう。

1つ6〔90てん〕

① 30＋7　　② 60＋3　　③ 40＋8

④ 54－4　　⑤ 83－3　　⑥ 76－6

⑦ 37－7　　⑧ 94＋4　　⑨ 55＋3

⑩ 43＋4　　⑪ 32＋5　　⑫ 98－3

⑬ 56－1　　⑭ 47－4　　⑮ 39－6

🐻 あかい いろがみが 30まい、あおい いろがみが
8まい あります。いろがみは あわせて なんまい
ありますか。

1つ5〔10てん〕

しき

こたえ (　　　　　　)

25 とけい (1)

🦁 とけいを よみましょう。

1つ10〔100てん〕

①

②

③

④

⑤

⑥

⑦

⑧

⑨

⑩

26 とけい (2)

 とけいを　よみましょう。

1つ10〔100てん〕

①

②

③

④

⑤

⑥

⑦

⑧

⑨

⑩

27 たしざんと ひきざんの ふくしゅう⑴

じかん 20 ぷん

🐻 けいさんを しましょう。

1つ6〔90てん〕

① 8+6　② 5+4　③ 9+3

④ 7+5　⑤ 4+8　⑥ 6+6

⑦ 11−3　⑧ 15−7　⑨ 10−5

⑩ 9−6　⑪ 13−8　⑫ 14−6

⑬ 3+7−5　⑭ 4−2+6　⑮ 13−3−1

🦁 こどもが 7にん います。おとなが 6にん
います。あわせて なんにん いますか。

1つ5〔10てん〕

しき

こたえ (

28

28 たしざんと ひきざんの ふくしゅう⑵

じかん 20ぷん

とくてん

/100てん

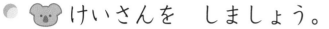

けいさんを しましょう。

1つ6〔90てん〕

① 80+2　　② 70+9　　③ 40+3

④ 86−6　　⑤ 63−3　　⑥ 52−2

⑦ 100−30　⑧ 100−50　⑨ 100−90

⑩ 26+1　　⑪ 53+5　　⑫ 23+4

⑬ 57−3　　⑭ 68−5　　⑮ 77−4

みかんを 12こ かいました。りんごは
みかんより 3こ すくなく かいました。りんごは
なんこ かいましたか。

1つ5〔10てん〕

しき

こたえ（　　　　　）

こたえ

1
① 5　② 7　③ 3
④ 9　⑤ 10　⑥ 9
⑦ 10　⑧ 10　⑨ 8
⑩ 9　⑪ 10　⑫ 8
⑬ 10　⑭ 9　⑮ 10
しき 5＋2＝7　　　こたえ 7 こ

2
① 7　② 4　③ 10
④ 8　⑤ 10　⑥ 9
⑦ 6　⑧ 4　⑨ 9
⑩ 8　⑪ 9　⑫ 6
⑬ 6　⑭ 10　⑮ 7
しき 6＋4＝10　　　こたえ 10にん

3
① 5　② 6　③ 8
④ 5　⑤ 6　⑥ 9
⑦ 8　⑧ 7　⑨ 10
⑩ 4　⑪ 7　⑫ 10
⑬ 7　⑭ 9　⑮ 8
しき 4＋5＝9　　　こたえ 9 こ

4
① 4　② 10　③ 8
④ 8　⑤ 10　⑥ 5
⑦ 4　⑧ 8　⑨ 6
⑩ 9　⑪ 6　⑫ 10
⑬ 9　⑭ 10　⑮ 8
しき 4＋6＝10　　　こたえ 10ぴき

5
① 4　② 4　③ 7
④ 6　⑤ 2　⑥ 1
⑦ 8　⑧ 5　⑨ 5
⑩ 1　⑪ 3　⑫ 1
⑬ 3　⑭ 1　⑮ 1
しき 6－3＝3　　　こたえ 3 だい

6
① 2　② 1　③ 7
④ 4　⑤ 1　⑥ 8
⑦ 4　⑧ 2　⑨ 1
⑩ 3　⑪ 6　⑫ 3
⑬ 6　⑭ 5　⑮ 2
しき 7－4＝3　　　こたえ 3 こ

7
① 3　② 2　③ 9
④ 2　⑤ 4　⑥ 4
⑦ 7　⑧ 3　⑨ 1
⑩ 5　⑪ 5　⑫ 2
⑬ 6　⑭ 3　⑮ 1
しき 9－6＝3　　　こたえ 3 びき

8
① 6　② 1　③ 3
④ 8　⑤ 1　⑥ 3
⑦ 6　⑧ 6　⑨ 1
⑩ 5　⑪ 2　⑫ 1
⑬ 3　⑭ 2　⑮ 7
しき 7－3＝4　　　こたえ 4 こ

9
① 14　② 12　③ 18
④ 11　⑤ 17　⑥ 19
⑦ 16　⑧ 10　⑨ 10
⑩ 10　⑪ 10　⑫ 10
⑬ 10　⑭ 10　⑮ 10
しき 12－2＝10　　　こたえ 10ぽん

10
① 15　② 17　③ 17
④ 19　⑤ 16　⑥ 17
⑦ 17　⑧ 16　⑨ 14
⑩ 14　⑪ 11　⑫ 13
⑬ 13　⑭ 11　⑮ 12
しき 12＋3＝15　　　こたえ 15こ

11　● 8　● 8
● 9　● 12
● 15　● 4
● 4　● 8
● 5
しき 12−2−2=8　　　　こたえ 8 こ

12　● 8　● 8
● 9　● 6
● 7　● 6
● 4　● 7
● 5
しき 4+6−3=7　　　　こたえ 7 こ

13　● 12　● 11　● 11
● 11　● 13　● 12
● 14　● 15　● 13
● 11　● 11　● 13
● 15　● 12　● 18
しき 8+4=12　　　　こたえ 12 とう

14　● 12　● 12　● 14
● 13　● 11　● 17
● 11　● 13　● 15
● 12　● 14　● 12
● 14　● 15　● 16
しき 7+6=13　　　　こたえ 13 わ

15　● 15　● 11　● 11
● 13　● 12　● 11
● 16　● 14　● 15
● 16　● 14　● 13
● 11　● 13　● 17
しき 5+7=12　　　　こたえ 12 ひき

16　● 13　● 15　● 18
● 12　● 12　● 12
● 16　● 12　● 13
● 12　● 14　● 11
● 17　● 12　● 15
しき 9+5=14　　　　こたえ 14 こ

17　● 14　● 14　● 16
● 12　● 11　● 12
● 12　● 17　● 16
● 13　● 11　● 15
● 11　● 16　● 13
しき 5+8=13　　　　こたえ 13 こ

18　● 7　● 9　● 8
● 9　● 8　● 9
● 9　● 4　● 9
● 9　● 4　● 6
● 6　● 4　● 9
しき 12−7=5　　　　こたえ 5 こ

19　● 8　● 9　● 7
● 5　● 8　● 8
● 7　● 5　● 6
● 5　● 6　● 7
● 8　● 2　● 7
しき 13−4=9　　　　こたえ 9 こ

20　● 9　● 8　● 4
● 5　● 8　● 7
● 9　● 9　● 9
● 6　● 3　● 9
● 6　● 3　● 9
しき 14−9=5　　　　こたえ 5 とう

21 ① 6 ② 3 ③ 7
④ 9 ⑤ 9 ⑥ 9
⑦ 4 ⑧ 7 ⑨ 7
⑩ 3 ⑪ 8 ⑫ 7
⑬ 6 ⑭ 5 ⑮ 8
しき 15−7＝8　　　こたえ 8 まい

22 ① 4 ② 7 ③ 9
④ 9 ⑤ 5 ⑥ 2
⑦ 9 ⑧ 7 ⑨ 4
⑩ 6 ⑪ 8 ⑫ 5
⑬ 8 ⑭ 8 ⑮ 6
しき 13−5＝8　　　こたえ 8 ほん

23 ① 60 ② 50 ③ 90
④ 100 ⑤ 90 ⑥ 100
⑦ 100 ⑧ 30 ⑨ 40
⑩ 40 ⑪ 60 ⑫ 30
⑬ 70 ⑭ 50 ⑮ 20
しき 80−20＝60　　　こたえ 60 まい

24 ① 37 ② 63 ③ 48
④ 50 ⑤ 80 ⑥ 70
⑦ 30 ⑧ 98 ⑨ 58
⑩ 47 ⑪ 37 ⑫ 95
⑬ 55 ⑭ 43 ⑮ 33
しき 30＋8＝38　　　こたえ 38 まい

25 ① 3 じ ② 4 じ
③ 2 じはん（2 じ 30 ぷん）　④ 1 じ
⑤ 11 じはん（11 じ 30 ぷん）⑥ 10 じ
⑦ 6 じ ⑧ 9 じはん（9 じ 30 ぷん）
⑨ 8 じ ⑩ 5 じはん（5 じ 30 ぷん）

26 ① 6 じ 10 ぷん ② 4 じ 45 ふん
③ 1 じ 12 ふん ④ 8 じ 55 ふん
⑤ 10 じ 20 ぷん ⑥ 2 じ 35 ふん
⑦ 11 じ 32 ふん ⑧ 7 じ 50 ぷん
⑨ 3 じ 3 ぷん ⑩ 9 じ 24 ふん

27 ① 14 ② 9 ③ 12
④ 12 ⑤ 12 ⑥ 12
⑦ 8 ⑧ 8 ⑨ 5
⑩ 3 ⑪ 5 ⑫ 8
⑬ 5 ⑭ 8 ⑮ 9
しき 7＋6＝13　　　こたえ 13 にん

28 ① 82 ② 79 ③ 43
④ 80 ⑤ 60 ⑥ 50
⑦ 70 ⑧ 50 ⑨ 10
⑩ 27 ⑪ 58 ⑫ 27
⑬ 54 ⑭ 63 ⑮ 73
しき 12−3＝9　　　こたえ 9 こ

「小学教科書ワーク・
数と計算」で、
さらに　れんしゅうしよう！